ネコと一緒に幸せになる本

青沼陽子［監修］
猫の気持ち研究会［著］

青春新書
PLAYBOOKS

一見、何の問題も
なさそうに見える
休日の光景・・・
実は、私たち
ネコのことで
悩んでいます！
ゴマちゃん
3歳 ♂
やんちゃ
暴れん坊
突然
スイッチが入り
大興奮！
ガチャーン
ニャー
カチャーン
!
シラス
8歳 ♀
神経質
プライド高し
シラスー♥
ギロッ
気が向かないと
かまってくれない・・・
さびしい…
のりたま
13歳 ♂
おっとり
甘えん坊
歳のせいか
寝てばかりで
活発だった面影
ナシ・・・
ZZZ
心配
どうしたら
いいでしょう？

目次

第1章 ウチのコは何を考えてる？ 本音に気づくとみんな幸せ

第2章 ホントに快適？ 室内暮らしさんが実は訴えたいこと

第3章 「7歳」は一生の曲がり角。ずっと元気でいるための健康習慣

第4章 「楽しかったにゃ！」と喜ばれる一生をおくってもらうためにできること

カバー／本文デザイン　山内宏一郎（SAIWAI DESIGN）
本文イラスト　エダりつこ（Palmy-studio）
中山三恵子（pegu house）
編集協力　小沢映子　吉村栄一
本書は『ネコの気持ちが100%わかる本』（小社／1997年）をもとに、新たな情報を加え、大幅に加筆・再編集したものです。

第1章

ウチのコは何を考えてる？
本音に気づくとみんな幸せ

ニャンコたちは、日向ぼっこが大好きだ！
いるいる
そしてフワフワが大好き！
たたませてよ〜
ジャマも好き！
スリスリ〜
意地でも下りないにゃ！
必死のフミフミ
そして狭いところがあるとどうしても入らずにはいられない…
Zzz…
それぞれにお気に入りの場所がある
ギュウギュウ
そ…そこ？

旦那が帰ってくると
みんなでお迎えスリスリ
ただいま〜!!
おいおい 歩けないよ〜
食事の時間は
のりたまが
教えてくれる
えっ、もう そんな 時間？
ゴロゴロ
ゴロゴロ
ゴロ
ゴー
みんなの
ごはんを
見守って
うまいか〜
…
おいしゅーございます〜
ガツガツ
子ネコ用
シニア用
ダイエット用
自分たちの
食事が終わったら
みんなで
人&ネコ団子になる
これぞ幸せの
ニャンコ♥ライフ
ニャン!

よりによってなぜここに？気づいてほしい「わがまま」の本音

たまにネコが何もない壁をジッと見つめていたり、同じく何もない一点をジッと睨《にら》んでいることがあります。まあ、たいていは人間には感知できない「アヤシイ匂い」の元を探っていたり、私たちには聞こえない「微妙な音」に聞き耳を立てているのでしょう。それでも私たちにはずいぶんと不思議な光景に見えます。

ところが、逆にネコにとっても人間が不思議な行為に没頭しているように見えることが多々あります。それは、たとえば紙きれの束をジッと見つめていたり、しきりと動かしている手をずっと睨んでいたり。こちらにしてみれば、それは新聞を読んだり、パソコンを使ったりと、十分に意味のあることなのですが、ネコにとってはわけがわかりません。

で、「なにをしているのだろう」と確認にやってくることになります。**こちらの視線の先、たとえば新聞の上に確かめにきては、「何もないにゃ」とガッカリしつつも、いまちょうど読んでいる記事の真上にわざと座ったり、ゴロンとあお向けに寝たりする。**

そう、ネコという動物は、必要以上にかまわれるのはキライなくせに、自分以外の何かに気をとられている人間というのも気にくわない、実にわがままな生き物なんです。

ネコの性格がよくわかるのはこういうときで、シニアになると顕著になります。

これは、家にお客さんが来たときなども同様です。ひとしきり警戒して、害がないとわかってしまえばもう興味はない。ネコにとっては興味ゼロの存在なのに飼い主はそれに気をとられ、ネコを無視している。そこで「なぜなんだろう」とお客とのあいだに割り込んできて再度じっくり確認し「やっぱりつまらないにゃ」とガックリきつつも、去って行くにはしのびない。そこで、さも自分も仲間の一員であるかのように、ちょこんと座って参加する。

こういう際のネコへの対処法は、ネコが「何をしてるのだろう」と確認にきたら、そこかまってやることです。「あっちへ行け！」とか「じゃま」などと追い払う行為はまちがってもしてはなりません。ネコはあなたが興味のあるものを共有したいと思っているだけ。よかれと思ってしているのに、怒られたのでは納得できません。**幸い、ネコはしつこくされるのが嫌い。だから、ネコが来たらちょっとだけかまってやればいいんです。そうすれば一応満足して、あとはまたいつものクールなネコに戻るはず。**その後は、こちらをちゃんと放っておいてくれますから。

ところで、部屋に何人か人がいるときに、ネコはわざわざネコ嫌いの人のそばに近づいて行くという話もよく聞きます。実はこれもネコにしたら単純な道理。「ネコ好きな人」はやたら自分をジロジロ見たり、かまおうとする「うっとうしい人」。目を合わせようともしないネコ嫌いの人は、ネコにとっては「ちゃんと放っておいてくれる」好ましい人なわけです。だから、よりにもよってネコ嫌いの人のところへ行ってしまうのでしょう。

やたらとかまってくる人はうっとうしく、クールに自分を無視している人に魅かれるなんて、ちょっと人間の恋愛心理にも似ていますね。

見つめたり、鳴いたり…「かまって光線」で訴えたいこと

秋の空とネコの心はコロコロ変わります。つい先程までは、こちらの存在などまるで興味がない様子だったのに、なにがきっかけか、突然全身から「かまって光線」を発するのです。ネコの「かまって光線」は、主に鳴き声と仕草で成り立っています。**こちらの顔をせつなげに見つめて「にゃおにゃお」と鳴き、ゴロンと横になるか、いきなりそばによってきて頭をこすりつける。あるいはただ「じっと」見つめて無言の訴えをするときも。**

これらネコの「かまって光線」に抵抗できる人間はほぼいません。どんなに忙しくても、できることはただひとつ。ネコの「してほしいこと」を即座に理解し、実行するのみ。

「かまって光線」にはさまざまな意味がありますが、判別しやすいのは、「ごはんくれ」や「ドアを開けて」だと思います。ごはんタイム前後に鳴いたり、人間が台所方面に行くと鳴きながら走ってくるときは、まちがいなくごはんモード。また、ドアや窓の近くで鳴くときは、開けてモードでしょう。これらは比較的わかりやすい要求です。

しかし、これらのどれでもない場合はどうでしょう。そういうときの「かまって光線」は、「遊んで」か「なでなでして」だと判断して、まずまちがいありません。そうだとわかったら、私たちは彼らの要求を満たすべく、ひたすら遊んでさしあげるなり、なでたり抱っこする必要があります。ネコが「もう飽きたにゃ」と去って行くまで続けましょう。

ところで、ネコが「鳴く」というところにちょっと注目してください。ふだん飼いネコを相手にしているとつい忘れがちなのですが、野生に生きるノラネコは、大人になるとほとんど鳴きません。ふだんは単独で生活しているため、鳴き声によるコミュニケーションは必要ないのです。だから、本来は子ネコ時代を過ぎると、ケンカや恋の季節以外はほとんど鳴かないし、ほかのネコにも興味がわかない。しかし、人間と暮らすネコはしょっちゅう鳴きます。実はこれにもちゃんと理由があるんです。

飼いネコの場合は、母ネコに無理やり「親離れ」をさせられるノラとちがい、飼い主がいつまでたってもお母さん（ごはんをくれてなでてくれる）でいてくれます。それこそヨボヨボの年寄りネコになっても、まだ子ネコの精神が強く残っているのです。

そう、**ネコが「鳴いて」意思表示するときは、子ネコモードに入ったとき。**「かまって光線」を発したネコには「お母さんネコのように」接する以外考えられません。だから、「い

まちょっと忙しい！」などの理由でネコの要求を後回しにするのは誤った行動です。

と、ここまでは実に心暖まる光景なのですが、なにせ相手はネコ。**子ネコモードは、いきなりなんの前触れもなく終了します**。いまのいままで甘えきって天使のような表情でなでられていたネコは、突然、身を起こし、私たちの手を振りほどき、はなはだしいときは噛みついたり引っ掻いたりしやがります。そして、シアワセ気分の私たちをいかにも軽蔑するかのように冷ややかに見つめると、スタコラといつもの昼寝場所へ。

子ネコモードが終了したネコはまたいつものクールな感じを取り戻し、私たちは呆然として見送るしかないのです。

のどをゴロゴロ、足にすりすり…このとき、ネコの頭の中は

ネコはいろんな仕草をします。

それらのほとんどは、ネコ自身もなぜ自分がいまこんな行動をしているのか、全然わかっていないように見えます。

その代表例がもみもみ足踏み。いきなり人の上に乗ってきて、こちらの胸だの腹だので足踏みをはじめる例のアレです。ネコはちょっと考えこんでいるような表情を見せながら、一心不乱に足踏みを続けます。

ネコは、なぜあんなことをするのでしょうか。

この仕草は、実は**子ネコ時代のクセが蘇ってきている**のです。まだ母ネコのおっぱいを飲んでいた頃、子ネコは母ネコの乳房の周りを揉んで、乳の出をよくするのですが、子ネコモードに入ってしまったネコは「なんだか甘えたい気持ち→お母さんの側にいるような気持ち→おっぱい飲みたい」とどんどん退行し、出るはずもない乳を求めて人間の体のあ

ちここちをマッサージしているわけです。こちらは多少くすぐったいですが、思う存分やらせてあげてください。

ときたまもみもみに加え、**毛布などをチュッチュと吸うというおまけがつくことがあります。こうなると重症ですので、やさしく注意して吸引をやめさせる必要があります。**エスカレートして飲み込んでしまい、毛布のかすがおなかにたまったりするととても危険ですからね。

同じように子ネコモード特有の行動にペロペロがあります。これは子ネコ時代に兄弟で毛づくろいしたときのシアワセな気持ちが蘇り、飼い主のあちこちをペロペロなめる行為。あのザラザラした舌でなめられても、こちらは痛いだけなのですが、まあ、向こうもよかれと思ってしている行為。

私たちはせいぜいネコの体をなでてお返しをしてあげましょう。

こうしたときのネコは、ふだん以上に大きい音でのどをゴロゴロ鳴らしていますが、これはネコのリラックスした気持ちを伝えるメッセージ。

このゴロゴロも、もとはといえば子ネコ時代に母ネコに向かって「こちらの調子は万事OK！」を伝えるための役割でした。4匹も5匹も子ネコを抱えて、とても全員に目を配る余裕のない母ネコにとっては実に効率的なサイン。「万事ＯＫ」なゴロゴロを発している子ネコはとりあえずそのままにして、ゴロゴロいってない子ネコだけに目を配ることができるからです。

ただ、飼いネコのゴロゴロは実際のところ結構複雑で、**「不安のゴロゴロ」**（動物病院の診察台の上でついしてしまうゴロゴロ）や、**「期待のゴロゴロ」**（ごはんをくれるかな、遊んでくれるかな、と思っただけで鳴ってしまうゴロゴロ）など、実にさまざま。ちなみに、どこでネコがゴロゴロ音を出すかはいまだに解明されていません。

こうした子ネコモードに入ったネコの特徴として、歩くときにシッポをピンと垂直に立てることがあげられます。

ピンと立てたシッポはネコの友好を表す仕草。子ネコは母ネコに対してシッポを立て、母ネコは子ネコの肛門のあたりをなめて排便を促します。この快感が忘れられないのでしょう。つい大人になっても子ネコモードに入るとシッポを立ててしまうんです（かといって、さすがに肛門をなめてやるわけにはいきませんが……）。

ところで、子ネコモードと勘違いしがちな仕草に、いわゆる「すりすり」があります。エサをねだるときにこちらの足に頭をすりよせたり、ネコのお気に入りの場所やモノに

体全体をこすりつけるあれです。実はあれは甘えてるわけではなく、子ネコモードとはまた別のネコの習性。

あの「すりすり」は自分の匂いをこすりつけるための行動なのです。ネコの頭や口の付近には臭腺という匂いを分泌する器官があり、そこから出る匂いをマーキングしているわけです。いわば、イヌが電柱におしっこをするのと同様の行為。

自分の縄張りだとか、あるいは仲間（あなたのことです）に自分の匂いをつけ、それで安心しているとのこと。遠い昔に退化してしまった私たち人間の鼻ではわかりませんが、実は私たちの家の中はネコの匂いでいっぱいなんですね。

ペロペロ「毛づくろい」に隠された生きる知恵

ネコが毛づくろいする姿を見るときほど、世のネコ派の顔が誇りに輝く瞬間はありません。「ネコってなんてキレイ好きなんだろう。ガサツでズボラなイヌとは大ちがい！」だなんて、言わなくてもいいことを口走ってイヌ派の人とケンカになったり……。

しかしこの「ネコはキレイ好き」神話のもととなっている毛づくろい（グルーミング）、ただの清潔好きで片づけられるほど単純なものではなさそうです。

ネコのグルーミングには、いくつもの理由があります。ひとつは、ネコ派のいうとおり「体を清潔に保つ」ため。体についたエサのかけらや、汚れを取り、毛並みを整えるための毛づくろい。これについては、見たままの行動と解釈してよさそうです。

体温の調節も、グルーミングの大きな役割のひとつ。ネコには人間のような汗をかく機能がないので、そのかわりに体をなめ、睡液が蒸発するときの気化熱で体温を下げるという目的のグルーミングです。いわば、暑いときに自分の体へ打ち水をしているわけですね。

また、毛並みを整えることで毛のあいだに暖かい空気がたまりやすくなり、寒いときに体温を逃さないという目的も。フワフワのセーターのほうが温かいのと同じ理屈です。

さらに、**毛をなめると体にいいという点も見逃せません。**ネコは日向ぼっこなどで日光を浴びると、体の表面にビタミンDが作られます。ネコはしきりに体をなめることで、栄養補給もしているわけです（便利ですね）。

さらにさらに、あのザラザラの舌でなめてかゆいところをかいていることもあります。ネコだってフケができます。そのフケをなめて取り、かゆみをおさえ皮膚のマッサージもしている。これは、人間が頭をボリポリかくのと同じです。

Cat column

なぜ舌をしまい忘れるのだろうか

ネコのいちばんマヌケな表情は、舌のしまい忘れ。舌を出したまま眠っていたり、散歩をしているネコもたまにいます。

実はネコの舌は長くしなやかな筋肉でできているので、出したままにしておいても、人間と違って疲れません。だから、出しっぱなしでも気づかないんですね。また、ネコの舌には食べる役割以外にも、毛づくろいの「くし」としての役割もあります。舌のしまい忘れが多いのは、この「くし」として使っていたとき。毛づくろいの途中で眠ってしまったときなどは、舌をしまい忘れる確率が高くなるようです。ただ、なかには「出しっぱなし」を嫌うネコも。これはおそらくネコの性格や几帳面さの違いかもしれません。

頭をかくといえば、人間の場合、ちょっと困っちゃったときや、テレ隠しに頭をかくことがありますよね。ネコも同じで、**びっくりしたときや、とっさに何をしていいかわからなくなったときに、体をなめることがあります。**悪いことをして叱られると、動揺していきなり体をなめだすのはこういうとき。また、外で他のネコとケンカになりそうなときに、困ってしまってお互いそれぞれの体をなめだすなんていう、はた目にはマヌケな光景を見せることも。ネコのグルーミングは、自分をリラックスさせるヒーリング効果もあるんです。

そして、おなじみの「匂い」に関するグルーミング説もあります。「なめることで体についた他の匂いを取り、自分の匂いをつける」「体についている自分の匂いをなめ取って消し、狩りの際に獲物に存在を知られにくくする」という相反するふたつの説。ひょっとして時と場合によってそれぞれを使い分けているのかもしれませんね。

こうした、いろいろな理由によってネコは体をなめますが、どんな目的にせよ「なめていると落ち着く」「気持ちがいい」のはまちがいないようです。マッサージと同じです。ですから、**ネコが自分でなめられない額や耳の裏、あご、首などをなでてやると、とても機嫌がよくなります。**マッサージがわりになでてあげると喜ばれますよ。

食事のあとのグルーミング
ごちそーさま
①口のまわりをペロペロ
②前足をぬらしヒゲと顔のおそうじ
③背中をペロペロ
④おなかをナメナメ♪
トイレのあとのグルーミング
みだしなみをととのえるのニャ!
①足をあげてお尻をペロリ
②足をあげて足をきれいに!
指の間も
③シッポも忘れず
リラックスのためのグルーミング
足
背中
顔

ネコは〝こんな人〟と一緒に暮らしたい

ネコは好き嫌いの激しい動物です。人間に対しても例外ではありません。そして、この世には「なぜか」ネコに嫌われてしまう人がいます。

ネコに嫌われる人は、だいたい（悲しいことに）どんなネコにも嫌われます。もともとネコが嫌いで、ネコを見るなり棒を振り回すなんて人であれば自業自得ですが、なかにはネコが好きで好きでたまらないのに向こうはこっちが大嫌いという気の毒な人も。

このような人は、どうしてネコに嫌われるのでしょうか。それはネコを不機嫌にさせる愛し方しかできないから。たとえばネコにイヌと同様に接すると、まちがいなく嫌われます。いつでもどこでも人間に愛敬をふりまくイヌとちがって、ネコは気高い動物。ネコとうまくやっている人ならおわかりのように、ネコがいちばん愛する状態は「**ネコが用事のあるとき以外は放っておいてくれる**」環境で、そうしてくれる飼い主がネコは好き。

ネコが窓辺で昼寝しているのに、「寝ていないで遊ぼう」とか「そんなとこじゃなくて

◆ネコはこういう人が嫌い！

酔っぱらい

酔った勢いで体をなでまわしたりするのは、勘弁してほしいニャ!!

わがままな人

ネコは自由気ままが好き。無理やり遊ぼうとしたり、寝てるのを起こしたりするのはやめてほしいニャ!!

声の大きい人

人間よりずっと耳がいいから、うるさい話し声や笑い声は大嫌いニャー!!

こっちで寝なさい」などのように、たとえ善意からであれちょっかいを出してくる人間は、ネコに決して愛されません。ネコがそうしてほしいとき以外に、かまいたがる人間は、ネコからすればストーカーのようなもの。「自由気まま」がポリシーであるネコにとって、ストーカー型人間はガマンできない存在で、しつこい人はその代表選手です。短気の人もいけません。大声で怒鳴る人や酔っぱらいももちろん嫌い。ま、これらの項目にあてはまる人でも、残された道はあります。とにかくネコを上手に「放っておく」努力をしてください。そうすれば共存は可能です。

くれぐれもネコのご機嫌を損ねないように、上手にネコを放っておいてあげましょう。

「このエサ、嫌い！」にもちゃんと言い分がある

私たちが「ひょっとしてネコにイジメられているのでは？」と悩み始める大きなきっかけのひとつが、食事どきです。

「**エサをねだる→エサをやる→食べない→エサをねだる→エサをやる→食べない**」という無限ループに怒り爆発しそうになった経験をお持ちの方も多いことでしょう。

ネコに嫌われたと落ち込む前に、ちょっとネコの食習慣を知っておきましょう。ひょっとして、ネコはあなたを嫌っているのでもイジメているのでもないのかもしれません。

ネコは完全な肉食主義者です。ガツガツと無節操に何でも食べる人間やイヌなどの雑食動物と違い、気高きハンターの末裔《まつえい》であるネコは、基本的に肉（あるいは魚）しか食べません。人間やイヌは栄養のバランスをとるために野菜を食べねばなりませんが、ネコには野菜を食べる必要はないのです。

だから、ネコをベジタリアンにしようなどという考えは捨ててください。あなたは菜食

でも大丈夫でしょうが、ネコは体の構造上不可能です。

では、肉（動物性タンパク質）なら何を食べてもいいのかというと、それはそれで栄養のバランスをとる必要があります。バランスのとれた質の良いキャットフードならともかく、たとえばマグロだけ、レバーだけなど単一の食品を食べさせていては、必要な栄養素をすべてとるのはムリでしょう。

元来、ネコは「自分がいまどんな栄養を必要としているのか」を本能的に知ることができる動物。ですからエサを欲しがっているのに与えたものを食べないというときは、きっと、必要な栄養素が含まれた他の食べ物を必要としているときなのです。

「昨日はあんなにおいしそうに食べたじゃないか！」

とネコに言っても、今日は今日でまた別の栄養を含んだ食べ物をとる必要があったりするわけで、決して単純な好き嫌いやワガママではないことが多いのです（もちろん、ただのワガママの場合もありますが……）。

ただし、必要な栄養を知る本能が壊れているネコもいます。

ノラ育ちで食べ物の選択の幅が狭かったネコや、飼いネコでも子ネコ時代に単一の食べ物ばかり食べて育ったネコです。実に悲しい話ですが、こういうネコは当然、長生きできません。そうならないためにも、子ネコ時代にいろんな食べ物をバランスよく食べさせておきたいものです。

また、一見、食べ物の好き嫌いやワガママに見える行動の裏には「鼻が利かなくなっている」可能性も考えられます。**実は、ネコは食べ物の「おいしそう・まずそう」をほぼ匂いだけで判断しています。**

見た目も味も関係ない。「我こそは名シェフ！」を自認する人にとっては、なんともつまらない話ですが、どんなに盛りつけに凝ろうとも、味つけに工夫を凝らそうとも、「おいしそうな匂い」がしないものはネコにとっては魅力なし。そんなわけですから、いつもは喜んで食べているエサでも、カゼをひいて鼻が利かないときや、冷蔵庫から出したばかりの冷えすぎて匂いのしないものを出された場合などは、ネコにとって「いつもおいしく食べているもの」とは全然別の食べ物に見えるのです。くんくん匂いを嗅いで、その匂いによってそれを食べたいかどうかを決めているんですね。

ところで、匂いが重要で味は二の次三の次ということは、逆に匂いさえ「おいしそう」なら体によくないものでも平気で食べてしまうことになります。

そして、その代表が人間の食べ物。ごはんにカツブシとみそ汁という「ネコマンマ」な

どもそうですが、人間用の料理は全般的に匂いこそ「おいしそう」であっても、ネコに必要な栄養素が含まれていなかったり、塩分など害になるものが多かったりします。

よく人間と一緒に食卓を囲んでいるネコがいます。じっと見つめる視線に耐え切れず、ついおすそ分けしてしまう人がいかに多いことか。また、その日の気分であげたりあげなかったりする人もいるようです。このことが、ネコを混乱させます。昨日はよくて、今日はなぜダメなのか。

どんなに豪華な料理でも、それこそ「ネコに小判」と割り切って、ネコのためにはあげない方がいい、そう肝に銘じてください。

「叱るとすねる」は誤解！ カン違いしがちなネコ心

「ネコは叱るとすねる」とよくいわれますが、それは本当でしょうか？　たしかに、イケナイことをしたネコを叱ると、ネコはプイと横を向き、うつむいて私たちのほうを見ないようにします。こういうネコは、いかにも反省してないフテくされた態度に見えがち。

でも本当はこれ、**すごい誤解なんです。ネコはこのとき、反省しすぎるぐらい反省しています。プイと横を向くのもうつむくのも、反省のあまりこちらの目が見られないだけ。**

ネコが外で自分より上位のネコと出会ってしまったとき、目を伏せて固まってしまうのと同じく、叱ったこちらを「この人は自分よりエライにゃ！」と認め、目を合わせないようにしてるのです。人間だって自分より強い存在と目を合わせてしまうと「なにガンつけとんじゃ、こら！」ってことになりますが、それと同じなんですね。

ところで、ネコを叱るときは、タイミングに注意してください。イケナイ行為をしている最中、もしくはその直後に怒らないと効果はありません。いくら賢いネコ様とはいえ、

時間がたってから怒られたのでは、なんのことかさっぱりわからないからです。また、叱るときは「こら！」と言葉で言うだけで十分。決してぶったりしないこと。

そして、何か事情があってネコを怒ったときは、ちゃんと仲直りすることも重要です。目をプイとそむけ、耳をたたんで反省しているネコには、「もう怒ってないよ」ということを伝えるために、やさしく声をかけてなでてあげましょう。

遊びの基本は〝リアル〟な狩り！ワクワクさせるツボ

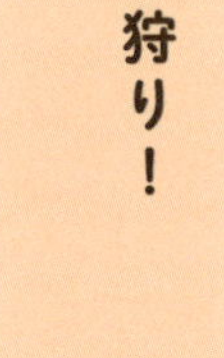

ネコは遊ぶのが大好きです。とくに**子ネコ時代は遊びを通して脳に刺激が与えられ知能が発達していくので、もう、イヤというぐらい遊ばせてあげてください。**もちろん「かまって光線」をキャッチしたときも、見て見ぬふりはNG。当然遊んであげるべきです。

ネコの遊びは、基本的に狩りのシミュレーション。

ネコにとって、食べることは寝ることに次いで人生（ネコ生）最大の関心事。そして、野生の本能が色濃く残っているネコという動物は、「食べること」＝「狩り」というパターンがインプットされています。

さらに、「狩り」が嫌いでは生きていけないわけで、「狩り」＝「喜び」というインプットもされているわけです。

だから、ちょっとでも「狩り」（とその獲物）を連想させるモノには、たちまち反応します。それが好きで好きでたまらないようにできているのです。子ネコのとき、兄弟と遊

んでいる様子を見ると、その遊びがどれも「狩り」の予行演習となっていることに気づかされます。「追いかける」「捕まえる」「押さえつける」「トドメをさす」といったように、いわば仲間同士で狩りごっこをしているのです。

というわけで、遊び心を刺激される動きや音も、当然、狩りを連想させるものとなっています。

では、具体的にネコの遊ばせ方について考えてみましょう。

ネコは、毛糸玉やネコじゃらしなどを「地を這《は》う小動物」（ネズミ型）「飛び回る小鳥や昆虫」（小鳥型）「水面下の魚」（魚型）といった獲物に見立ててそれを追い回すのが大好きです。ネコによっては「絶対に小鳥型がワクワクする！」とか「やっぱりネズミがいちばん！」と頑固な遊びのポリシーを持っている場合もあります。

こうしたネコの遊びにつきあうには、人間側にある程度以上のテクニックが要求されます。ネコのご希望に沿った道具、動き、音をマスターしなければなりません。

ピクッと動いてすぐ止まり、かと思うとやおら全力でジグザグにダッシュ！　といったように、いかにも本物の小動物がしそうな動きを上手にマネしてあげましょう（カサコソと小動物が落ち葉を踏みしめるような音が出る素材を使えばカンペキです）。

ネコじゃらしなどを、単純にひらひらさせているだけではネコもすぐ飽きてしまい、そっぽを向くはず。あなたは「退屈な遊び相手」として、ネコからの深い軽蔑の視線にさらされる可能性が大です。

こんな、簡単なようで意外と奥が深いネコとの遊び方、遊ばせ方を上手にこなすには、やはり普段の観察がいちばん。

あなたのネコが、いつもどんなものや動きに興味を示しているのかをよく観察し（ネズミ型が好きなのか、あるいは小鳥型のほうに興味を示すのかなど）、その興味にあうようなオモチャを用意してあげましょう。

また、ネコのご機嫌や様子にも注意してください。ネコが遊ぶ（あなたに遊ばせてくれる）のは、ネコがそうしたいときだけです。寝ているところを無理に起こして遊ばせようとしても、それは逆効果。ネコが**なんとなく興味ありげにあなたのほうをうかがっているとき、目はつぶっていてもシッポをうねうね動かして誘っているように見えるとき**が、ネコとの遊びどきです。

オモチャで遊ばせるときのコツ
・じゃらしタイプ
・獲物タイプ
キャッチしたり、キックやかんだり
・上下に動かす
うにゃ
にゃ
ふりふり
いくにゃん
ゆっくり
はやく
・スピードを変えてジグザグに動かす
・光を壁や天井に走らせる
パッ
パッ
獲物にゃ
・オモチャをクッションの下などに隠す
何だにゃ～

ウチのコの眼の色が変わる！おもちゃ選びのコツ

ネコはおもちゃが大好き！　とくに子ネコから2〜3歳の若いネコはおもちゃで遊ぶこと（と食べること）が生き甲斐です。

子ネコなら、おもちゃがなくても24時間、寝ているとき以外は家中を走り回ったりジャンプしたりしていますが、おもちゃがあるとまさに最強状態！

ペットショップに行くと安価なものから高価なものまでさまざまなおもちゃが売られています。形や素材もいろいろ。それらの多くのおもちゃの中から、どれがお気に入りになってくれるかは、はっきりいってネコしだい。とんでもなく高価なおもちゃを与えても100％無視されたときの悲しみや無念さはすべてのネコ飼いに共通する経験です。ネコには値段もブランドも関係がありません。いかに自分の遊び心の琴線に触れるかどうかだけが判断基準です。

それでも、やはりネコにとっての**狩り＝ハンティングの本能をくすぐるおもちゃを気に**

◆ウケること間違い無しの手づくりおもちゃ

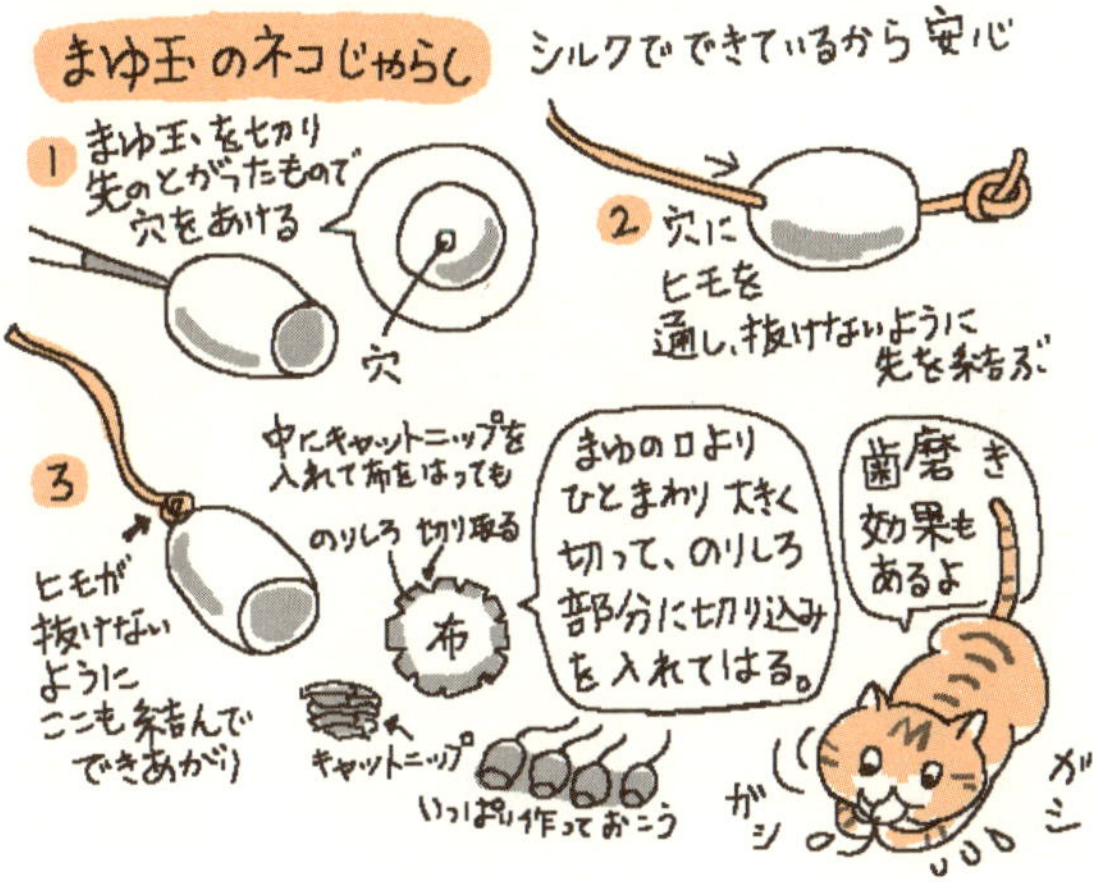
まゆ玉のネコじゃらし
シルクでできているから安心
1 まゆ玉を切り 先のとがったもので 穴をあける
穴
2 穴に ヒモを 通し、抜けないように 先を結ぶ
3 ヒモが 抜けない ように ここも結んで できあがり
中にキャットニップを 入れて布をはっても
のりしろ 切り取る
布
まゆの口より ひとまわり大きく 切って、のりしろ 部分に切り込み を入れてはる。
キャットニップ
いっぱい作っておこう
歯磨き 効果も あるよ
ガシ
ガシ

入ることが多いはず。ネコにとっての遊びはもともとは狩りのための練習なのです。市販のものでなく、手づくりでもネコは大歓迎！

ころころ転がるボール、虫の羽音や隠れる小動物のようにカサカサした音を立てるもの、先っぽに虫やネズミの形をしたフェルトなどがついているネコじゃらし……。こうした狩りの獲物っぽいおもちゃは、たいていのネコが気に入ってくれるはず。丸い光の点を壁や廊下に映せるネコ用懐中電灯おもちゃなども人気です。

それらのおもちゃで、いかに本物の虫や動物っぽい動きをしてネコの狩猟本能をかき立てるか、それが勝負です。どんな形でもＯＫですが誤飲しないようなものにしてください。

こう言いたかったんだね。
ネコのボディーランゲージ教室

ごきげん♪
ピーン
びっくり!
ブワッ
シッポ
…
怖い〜
ブン
気になる
ブンブン
ネコは言葉は話せないけど、体で表現するニャ
よく観察してネコの気持ちを理解してなのニャ
フッ

ネコのボディーランゲージ教室
いかくのポーズ
シャー!
服従のポーズ
遊んでほしいポーズ
ゴローン
ヒゲ
リラックス
コーフン!
親愛のポーズ
スリ〜
目
怖い・びっくり
安心
フーン、なるほど
ニャ!
目は口ほどにものを言うのニャ〜

どんなコも、寝起きの伸びとあくびが欠かせないワケ

寝起きのネコは、すぐに行動を開始します。私たち人間は、起床直後に頭がボンヤリすることがよくありますよね。ネコは寝起きにボーッとすることはないのでしょうか？

このようなことは、動物としてすっかり堕落した人間だからこその現象であって、野生の本能が強く残っている動物、ネコの場合はまずありません。なにしろ、ネコからすれば、起きた瞬間にイヌだとか近所のライバルネコなどに攻撃されるかもしれないし、目の前をネズミやスズメが横切るかもしれない。起きたら即座にダッシュできる態勢を取らなければならない事態があるので、のんびり寝ぼけているわけにはいかないのです。

また、44ページでも紹介しますが、ネコの睡眠はほとんどが「うたたね」。「うたたねモード」のネコは常にスタンバイOKですから、当然寝起きにボーッとすることもありません。**眠っていても音がすると耳だけ動かすときは、うたたねのときです。**

ただし、意識ではなく、肉体が半覚醒状態になることはあります。それは、熟睡モード

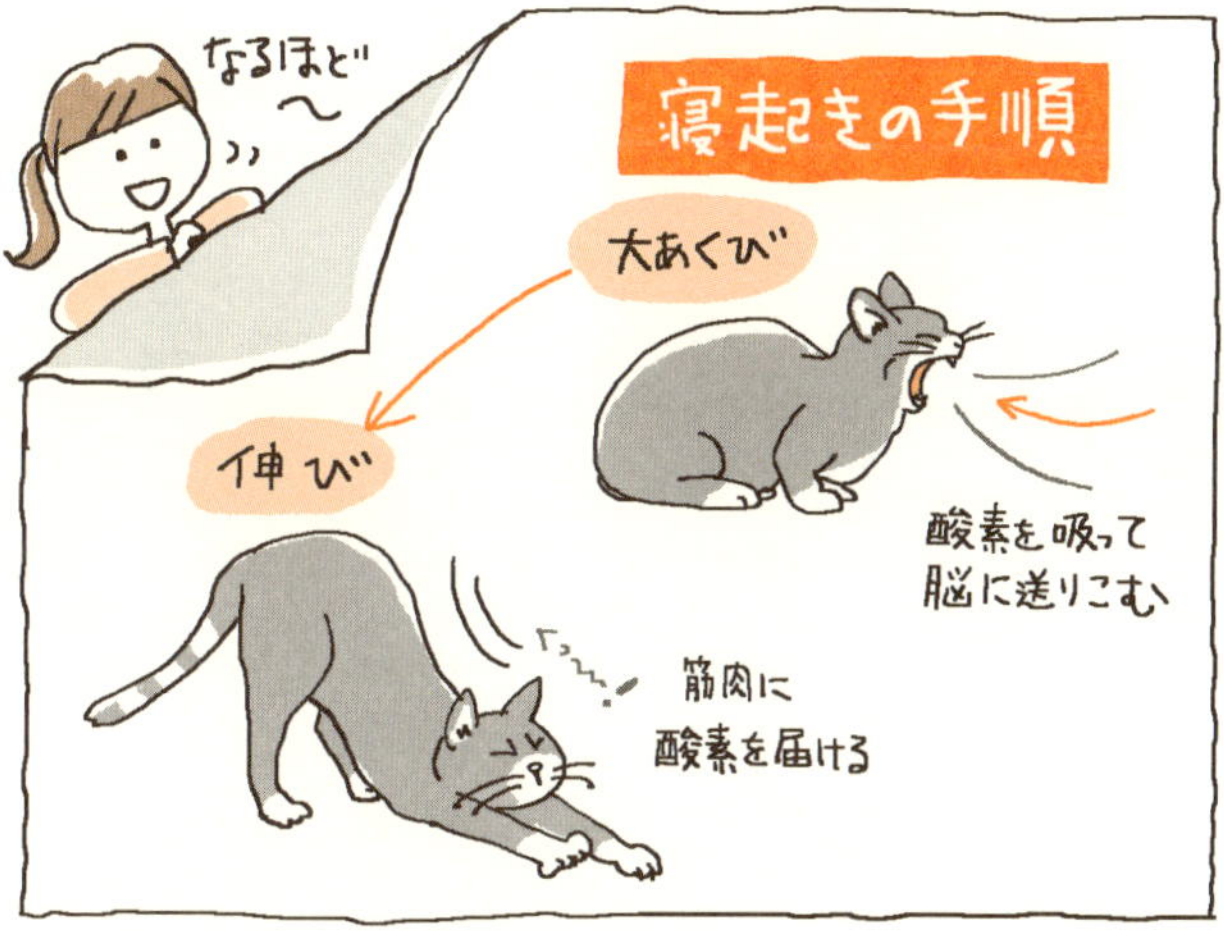
なるほど〜
寝起きの手順
大あくび
酸素を吸って
脳に送りこむ
伸び
筋肉に
酸素を届ける

から目覚めたとき。目覚めてすぐは体が思うように動きません。これは、脳や筋肉にまだ酸素が十分に行き渡っていないから。起きてすぐ素早く動くためには、脳と筋肉に酸素を送りこむための動作が必要です。そう、これが寝起きのネコの大あくびと伸びの理由。**大あくびでたっぷり酸素を吸って脳に送りこみ、伸びによって筋肉にそれを届ける。**伸びは筋肉をほぐすストレッチの役目も負っています。ネコが寝起きにあくびと伸びをするのには、ちゃんと理由があったんです。

　私たちはせめて起床後にボーッとする意識のなかで両手を組んで上にあげ、「あ〜、寝た寝た」と伸びをすることで、寝起きのネコの気持ちを理解するように努めましょう。

「1日15時間眠る」地球でいちばん賢い生き物

ネコの生活はシンプルです。**1年のほとんどの時期において、ネコのスケジュール帳には3つの予定しか記されていません。「遊ぶ」「ごはん」そして「寝る」です。**

このうちもっとも時間をかけている行為が「寝る」であることは、ネコにお仕えしている人には一目瞭然。ふつうのネコは、だいたい1日のうち15時間以上眠っているのです。

1日のおよそ3分の2。なんとうらやましい。これが子ネコや老ネコになると20時間以上眠ります。同じ動物でも、たとえばウシやウマが1日2～3時間しか寝ないことを考えると、ネコって神さまにエコヒイキされている動物なんだなあと思いますよね。

実は、ネコが日がな寝ていられて、ウシやウマがそうはいかないのは、彼らの食生活と深い関係があります。ご存じのようにウシなどは完全な菜食主義者、草食動物です。カロリーの低い草を食べているウシやウマは、しじゅう食べていないと生命を維持できません。

それに比べて肉食動物であるネコは、カロリーの高いエサを一度とれば、あとは寝ていて

大丈夫。むしろ寝ることでエネルギーの消費をおさえて、一度の食事を腹もちさせているという合理主義的な面もあるのです。

こんな、しょっちゅう寝ているネコですが、**よく観察してみると、お天気が悪い日にはさらにいつもよりたくさん寝ていることがわかります。**雨の日なんか、ほとんど寝っぱなし状態。これは、まだ自活していた野生のご先祖様から譲り受けた本能のなせる技だという説が有力。雨の日はエサとなる小動物もあまり動きまわらず、狩りの成果もあがりにくい。「労多くして実りなしなら、いっそ寝ていてエネルギーのムダづかいをさけよう」という、こんな、会社をさぼる言い訳みたいな本能なんだとか。

どんなに天気が悪かろうとも、毎日満員電車に揺られて会社や学校に行かねばならない私たちからすると、自分のお気に入りの場所で好きなだけ寝ていられるネコが本当にうらやましくなります。

でも、うらやましいからといって、眠っているネコをムリヤリ起こすのはやめましょう。ムリに起こしたりすれば、ネコのご機嫌を損ねて嫌われるのがオチ。何の得もありません。せいぜい、「次に生まれ変わるときは、ネコに生まれ変われますように」と祈りながら、気持ちよさそうに寝ているネコを横目に雨の街に出勤していくのが私たちの運命なのです。

起こさないでね。ネコが夢を見ているときの見分け方

寝ているネコを見ていると、たまに耳や目がピクピクッと動いたり、手足（足足？）をもぞもぞ動かしていたりします。なかには「うにゃうにゃ」寝言を言うネコも。

夢でも見ているようですが、実はそのとおり。ネコだってちゃんと夢を見るのです。

ネコの睡眠は「うたたね」「浅い睡眠」「深い睡眠」が繰り返されるというサイクルになっています。ネコの1日の睡眠時間は約15時間ですが、このうち4分の3は「うたたね」だといわれています。つまり、ちゃんと眠っているのは残りの約4時間。このうち、**30〜60分の「浅い睡眠」にはさまれた6〜7分の「深い睡眠」が「REM睡眠」と呼ばれるネコのドリームタイム。**起こしてもなかなか起きないのがこのときで、夢を見ているときは熟睡モードに入っているんです。REM睡眠のとき体は休んでいますが、脳は目覚めているときと同じ脳波を示します。このことから、夢を見ているときは1日の記憶を整理したり、学習の復習をしていると考えられています。

こうなると、このとき見ている夢を知りたくなるのが人情ですが、それはネコたちだけの秘密。聞いても絶対に教えてくれません。でも、ネコの表情や仕草を観察してみると、なんとなくどんな夢かは想像つきますよね。

たいていは幸せそうな、これ以上ないほど気楽な表情をしています。つまりネコの夢は「ごはんを食べている夢」か「ごはんを捕まえている夢」のどっちかだと思ってまちがいありません。ちなみに、うたたねモードのネコは常にスタンバイ状態なので、気になる気配や物音がすれば、すぐに起きます。だからこそ、**4時間の熟睡時間はとっても重要。**熟睡できない環境にいるネコはだんだんやつれていきます。ゆっくり眠らせてあげましょう。

ネコにも見たいテレビ、聴きたい音楽がある

ネコはテレビが大好きです。薄型テレビの上でも器用にバランスをとってくつろぎます。なによりテレビのそばは暖かいし、登ればある程度以上の高さになるという点もお気に入り。召使い（あなたのことです）がいつも注目してくれているような気になれるし（ホントはテレビ番組を見てるだけなんですが）、ネコにとってはいうことありません。

しかし、テレビそのものではなく、テレビ番組が好きかどうかとなると難しいところ。テレビやビデオ（の番組）がすごく好きそうに見えるネコもいれば、まったく興味を示さないネコもいます。ネコの育った環境などにもよるのでしょうが、では、テレビに興味を示すネコは、そのどんなところに魅かれているのでしょうか。

ネコが興味を示すいちばんの番組は、やはり動物や鳥などが映っているもの。ついで画面のなかに激しい動きをするものがある番組（スポーツ番組）など。だから動きの少ないトークショーやニュースにはほとんど目もくれません。

これらのうち、動物や鳥というのはわかります。匂いはせずとも獲物そっくりのものが、獲物そっくりの音（鳴き声や鳥がはばたく音など）とともに、いきなり目の前に現れるのですから、そりゃネコの目も光ります。

一方、スポーツ番組はどうでしょう。スポーツ中継の選手を人間と見ずに、小動物だと見ているのなら納得がいきます。ロングショットで捉えたサッカー中継など、まさに緑の原っぱに子ネズミがわらわらと群れ集まっている光景にそっくり。また、獲物には見えなくても、いつも遊んでいるおもちゃと似たようなもの、似たような動きをするものが映っているときもネコの血は騒ぎます。そのいい例が新体操のリボン。リボンの動きにあわせてシッポをピクピクさせちゃったりして、いまにも画面に飛びかからんとするネコの様子は、ヘタなテレビ番組よりもよっぽどおもしろいことうけあいです。

ここで、ネコの好きな音楽についてちょっと考えてみましょう。**ネコが好きなものは、狩りのほかに、母ネコを連想させるもの、というのも重要なポイントです。音に関していうと、柔らかくて高い音というのは、母ネコが子ネコを呼ぶときに立てる鳴き声を思い出させるんだとか。**そのため、同じオペラのCDでも、男声の独唱にはまったく興味を示さないのに、ソプラノのパートが始まるとやおら聞き耳を立てたり、スピーカーのそばに寄っていくという行動を見せるネコもいます。

映像や音楽に反応するタイプのネコと一緒に暮らしている人は、ぜひオリジナルの動画や音源を作ってあげてください。テレビを見ているときのネコの様子を観察したり、自分がどんな音楽を聴いているときにそばに来るのか。これらをよく観察して、ネコのお好みのものを組み合わせてみましょう。

柄とシッポで読み解く、このコのご先祖様

「ネコって、いろんな模様があるなぁ」と感心したことは、ネコ好きなら一度はあるはず。はっきりとした定説はないのですが、ネコの基本模様は、単色とトラ模様といわれています。そして、**それぞれの模様のルーツは、そのネコの祖先がどのような環境で生きていたかを表している**ようです。そもそもネコは待ち伏せ、忍び寄り型の夜行性のハンターで、獲物となる小動物からなるべく姿を隠していたいはず。それには砂漠なら茶色、草むらならシマシマといった具合に、背景に溶け込んでしまう迷彩色の柄が有利です。そうした迷彩色のネコは当然エサもいっぱい捕れ、生き延びて子孫を残す確率が高かったのでしょう。逆に、あんまり姿を隠すのに適さないようなデザインのネコは、子孫を残すまもなく飢え死にしてしまった確率が高いといえます。

そうして、世界各地で、その土地にあったデザインのネコが増えていったのでしょうが、その後、人間とつきあうようになって移動の範囲も広くなった結果、混血がすすみ、現在

のような何でもありのデザインができたのでしょう。

ところで、オスのミケネコ問題というのもあります。オスのミケネコは「幸運のしるし」として珍重されますが、彼らは完全なミュータント。ネコの色を発現する遺伝子は、性遺伝子の上に乗っていて、正常なネコはみんな2つの性遺伝子を持っています。本来ミケの3色を発現するには、メスの性遺伝子が2つ必要。つまり、ミケネコにはすでに2つの性遺伝子が存在し、その上オスの性遺伝子を持つとなると、3つの性遺伝子を持つことになります。だから、オスのミケネコは、いわば突然変異。ちなみに、オスのミケネコが発現した場合でも、彼らには生殖能力がないため、子どもは作れません。

さて、模様のデザインと並んで気になるのは、やはりシッポ。シッポの長いネコ、短いネコ、曲がったネコなどいろいろいますよね。イエネコ以外のネコ属は、ほとんどが長いシッポを持っているので、長くてまっすぐなシッポが自然の形と考えてよさそうです。しかし、日本ではよくシッポの短いネコを見かけます。実は、シッポの短いネコは突然変異で生まれるのですが、短い遺伝子は優性遺伝。シッポの長いネコと短いネコのあいだに子ができると、シッポの短いネコが生まれやすいのです。また、シッポの曲がったネコというのもいます。これも、シッポの長い遺伝子と短い遺伝子が混ざりあった結果。まっすぐ

にもなれず、かといって短くもなれず、曲がったシッポになってしまうようです。

　また、日本では短いシッポのネコが多く、外国では長いシッポのネコがほとんど。これは、外国では長いシッポを好む人が多かったせい。日本では、かつて短いシッポのネコのほうが大事にされていたので、現在でも短いシッポのネコが多いのです。では**なぜ日本で短いシッポのネコが喜ばれたのかというと、これがなんと怪談の影響。**化けネコのシッポはみな長い＝短いシッポのネコは化けないと思われていたから。なかには、わざわざ長いシッポを切ってしまう人までいました。

　人間の勝手な誤解やエゴが、ずいぶんネコの運命を左右してきたのですね。

ご機嫌とりの最終兵器、マタタビの秘密

マタタビはネコにとって副作用なし中毒性なし依存性なしのナチュラル・ドラッグ。いいことづくめの神様からのプレゼントのようなものです。

ただ、生後3か月以下の子ネコは「子どもには早い」からかどうなのか、まったく効き目はないようですし、大人ネコの約半数も、なぜかマタタビに興味を示しません。それ以外のネコは、マタタビの匂いをかぎつけるやいなや、もう大変。「うにゃにゃにゃ！」てな感じでマタタビに飛びつき、あっというまにハッピー・トリップ。ベロベロとマタタビをなめまくり、床をゴロゴロ転げまわり、奇声を発して喜びを全身で表現します。

人間であればこれほど気持ちよく酔った後には壮絶な二日酔いの苦しみが待ち受けていますが、マタタビにはそんなものはありません。5～10分の幸福なトリップが終わると、ネコはけろりとしてふだんのネコに戻ります。

マタタビが含む「マタタビラクトン」と「アクチニジン」という成分によってこうした

トリップが引き起こされることが知られています。

しかしどう考えても、マタタビにあのような反応を示すことで、ネコがトクをするとは思えません。純粋な嗜好品としてのみ存在します。いろいろ副作用や害がある人間の嗜好品、タバコやアルコールに比べ、なんとうらやましい神様からの贈り物でしょう。

ま、人間にとっても、ネコ様のご機嫌を取る最終兵器ではあるのですが……。

またたび、いらず?!
いつも ゴマのことで 苦労かける わね～
はい、これ!
またたびだき枕 だってよ～
これで ストレス解消 してね!
すっごい コーフン しちゃうかな?
ワクワク
寝ちゃった… いつもと 変わんな～い
つまんな～い

飼い主への信頼感は「寝姿」に表れる

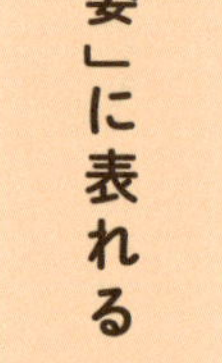

ネコの寝姿はいろいろありますが、もっともポピュラーなのは丸くなって眠る姿。基本的に寒ければ丸くなり、暑ければ伸びて寝るのですが、警戒心の強さによっても寝姿は変化します。丸まった姿は油断のない姿勢の代表。

一説によると、丸くなって寝る形だとヘビがとぐろを巻いているように見え、敵の接近を防ぐともいわれます。

また、戸外に比べて家の中だと警戒する必要が薄いので、室内でのネコはもう、好きなように、あられもない格好でお眠りに。

暑ければ体熱をうまく発散できるようにダラリと体面積を大きくし、寒ければ気の毒なくらい丸く縮こまって体温を守る。こうしたいろいろな寝相のうち、もっとも見るに耐えないのが、**大の字にあお向けになってバンザイをして寝ている例の姿**でしょう。あの**柔らかいお腹は、ネコのいちばんの急所です。それをさらけ出して寝られる場所というのは、**

ネコにとってそこがこの世でもっとも気を許せる場所である証拠。

あなたの前でこうした姿を見せるということは、ネコがあなたに「こいつは絶対に我が輩の寝込みを襲ったりしニャいのだ」という強い信頼を寄せている表れでもあります。

もちろん、たんに「なめられているだけ」という可能性もありますが（涙）。

ネコが見ている世界はこんなに違う――五感の秘密

●視覚－目

ネコの目は、狩りをするのにとても便利な構造になっています。まずスゴイのは、光の調節機構。夜行性ハンターであるネコは、暗闇でも獲物の姿がよく見えなければなりません。そのため、月明かりや星明かりのようなわずかな明るさでも、瞳孔をいっぱいに開き、光を最大限取り込めるようになっています。このおかげで、ネコは暗闇でも人間の5倍の明るさでモノが見えるんです。

また、明るい昼間は瞳孔をタテに縮小（細めて）して昼向きの目、夜は逆に瞳孔をいっぱい開いて夜向きの目にします。つまり、調整自由なサングラスと暗視装置を兼ね備えているようなもの。これならどんな天気や明るさだろうと、いつでもはっきりモノが見えるわけです。

視界の範囲が広いこともわかっています。前方を向いたときの全体視野（どこまでの範囲が見えるか）は280度。真正面を向いていても、斜め後ろの範囲まで見渡せるというわけ。これなら後方の獲物を見逃すこともありませんね。ちなみに私たち人間の全体視野は210度です。

そして、見ている対象までの距離感をつかむのに必要な立体視（ふたつの目で対象をとらえ、相手までの位置を測定する）は１３０度。こちらも人間の１２０度と比べると、少し広いのです。

ただし、さすがにいいことばかりではありません。人間と比較すると視力は約10分の１。ネコは自分からの距離が２～６メートル以内にあるモノしかはっきり見分けがつかないそう。つまり近すぎても遠すぎても、よく見えないというわけ。ネコが外で会った飼い主を見分けられないという現象も、この視力の悪さなら仕方がありませんね。

●聴覚—耳

元来「待ち伏せ型」のハンターであるネコは、どんなに小さい音でも聞き逃すわけにはいきません。音の種類、その方向、距離を即座に感知する必要があります。

そのため、ネコの耳はまさに地獄耳。人間が聞こえる音の高さが20ヘルツ～20キロヘルツであるのに比べ、ネコは25ヘルツ～75キロヘルツという広い範囲の音を捉えることができるのです。これはイヌの約２倍の感知力。さらに、頭の上にピンと立てたふたつの耳の角度を微調整しながら、その音がどの方向で、どれぐらいの距離から伝わってきたのかを聞き分けることができます。そういえば、ネコの耳はとても器用。音がした側の耳だけを、すばやく音源のほうへピピッと向け

ますよね。ネコの耳は音を集めるための特別な筋肉で構成されているのです。

すでに狩りの必要がなくなったイエネコにも、これらの聴力は引き継がれています。狩りに使われることが少なくなったぶん、「飼い主の足音を遠くから聞き分けて玄関前で待ち伏せする」とか「どんなに遠くてもネコ缶を開ける音は聞き逃さない」など、今も有意義に使われているようです。

●嗅覚ー鼻

ネコの鼻は、人間よりはずっといいにせよ、イヌなどと比べるとかなり劣っています。これは、あまりにも狩りに都合のいい視力や聴力を持っているために、それほど嗅覚を発達させる必要がなかったからかもしれません。とはいえ、ネコはその食べ物を食べるかどうかなど、匂いで判断します。また、ネコがすりすりとあちこちにつける匂いを、人間は感知することができません。ですから、やっぱり私たちには嗅ぐことができないさまざまな匂いを彼らが嗅いでいることは確かです。

そんなネコの嗅覚ですが、実は彼らは匂いを嗅ぐことに関するもうひとつの大きな武器を持っています。その名はヤコブソン器官。ネコの口内の上顎についている2本の管状の器官で、ネコの生活にとっては、鼻からの嗅覚よりもずっと大きな意味を持っているともいえます。

このヤコブソン器官で感知される匂いは、主にフェロモン関係。オスはメスの、メスはオスの性臭を嗅ぐのがヤコブソン器官です。また、マタタビなどのドラッグ関係の匂いを嗅ぐことにも使っています。よくネコが立ち止まって、まるで笑っているかのような表情をしていることがありますが、これは口を開けてヤコブソン器官の能力を使って匂いを嗅いでいるとき。

ネコがヤコブソン器官を通して匂いを嗅ぐときは、前述したように異性の性臭やマタタビなどのドラッグ関係ですから、ネコにとっては当然いい匂い（ロマンティックな表現をするなら〝恋の匂い〟でしょうか）なわけで、「笑っている」というのも完全に的外れな表現とはいえない気もし

ます。おそらくネコがヤコブソン器官で匂いを嗅いでいるときは、人間にたとえるなら「マツタケの匂いにつつまれている」といった感じの陶然《とうぜん》のひとときなのでしょう。

●味覚ー舌

ネコの舌は、味覚を味わう器官というよりは、やはり毛づくろいなどに使う「道具」としての役割のほうが大きいようです。ネコが感じられる味覚は、酸味、苦味、塩辛さ、甘味の４つです。

　ただし、食べ物に対して人間のように「まったりとしてコクのある味」「まろやかですっきりとした味」なんていう深い味わい方は、ネコにはとてもできないようです。おまけに、これらの味覚に関してもわりとどうでもいいようで、ふつうのミルクと甘味をつけたミルクでは、反応にほとんど差がなかったという実験結果もあります。やはりネコにとって食べ物はあくまで「栄養重視」「鮮度重視」で、人間のようなグルメな味へのこだわりはほとんどないようです。

もちろんネコによって好物があることはありますが、それも味そのものではなく、その食べ物があくまで「素材として好き」「小さいときから食べ慣れている」などのこだわり。

なにしろ、ネコの舌には味を感じる器官「味蕾《みらい》」があまり多くありません。とくに、本来モノをいちばんよく「味わう」はずの舌の中央部などには味蕾がまったくありません。その分、この舌の中央部はザラザラした作りになっていて、エサを食べるときに骨から肉をこそげとったり、あるいは毛づくろいするのに便利な構造となっています。つまり「道具」としての使い勝手を高めてあるわけで、ネコにとって舌は、機能的な第５の足といっていいかもしれません。

●触覚－ヒゲ

ネコのヒゲは、種類にもよりますが一般に両頬あわせて50～60本程度。触ってみるとずいぶんと太くて硬い毛で、ネコはこれらのヒゲを何本かずつまとめて自由に動かせるようです。

この太いヒゲは「触毛」と呼ばれる触覚を司る役目を持つ毛でできています。毛（ヒゲ）自体に感覚があるのではなく、毛根がそのまわりの神経に信号を伝達する仕組み。ヒゲは神経に刺激を伝えるスイッチのようなものです。そのヒゲの役割には、いろんな説がある上に、それらに対する反論も多く、まだ研究中といったところでしょうか。主な説を紹介しておきます。

- **狭い場所などで、自分が通り抜けられるかどうかを判定する役割があるという説。**
- **暗闇の中、空気の流れを感知して物にぶつからないようにする警報装置だという説。**
- **同じく空気の流れを感知し、匂いの元の方角などを確かめる装置だという説。**
- **とらえた獲物の大きさや動きをヒゲで計測するという説。**

しかし、どの説に対しても「ヒゲを切ったネコでもそれらをうまくやれる」という反論がされているかと思えば、「いや、ヒゲを切るとうまくできなかった」という再反論もあるといった具合で、いまだにちゃんとしたヒゲの用途は解明されていません。

さて、ネコには頬の他に、目の上にもヒゲ（？）があります。こちらの役割は「そこに何かが触ったら瞬間的に目を閉じる」という信号を送るというもの。つまり、飛んできた虫やゴミなどが目に入らないようにするための仕組みで、人間のまつ毛も同じ役割を持っています。なので、目の上のものは、ひょっとしてヒゲではなく、まつ毛と呼んだほうがいいかもしれません。

第2章

ホントに快適？ 室内暮らしさんが 実は訴えたいこと

祝！キャットタワー完成！

できたー！

ゴマがより活発になりのりたまがのんびり暮らせるように購入したのだ
アラ！

オー！

うーむ…

ネコたちは気に入っているようだけど結局、今までの図式が立体化されただけのような…

フーッ
キャッ
ワーイ！

ワーイ！

ワーイ！

キャッ
…

のりたまの負担を減らすために人間も参戦！

ほれほれ！

キャーッ
ほーれ！

電動のおもちゃも購入！

シャッ！

爪とぎグッズもいろいろそろえてみた
ボリ…ボリ…
バリバリ!
コーナーにも爪とぎボードを設置!
これでカベがボロボロにならないですむわ
頭数分のトイレには匂い防止のためカバーをつけてインテリアの一部になるようにしてみました~
カイテキニャ
のりたま
ゴマ
シラス
いいカンジじゃない?
のりたま、入れてよかった~~
ホッ
のりたまに合わせて穴を大きめに!
そうしているうちにニャンコと楽しく暮らすためのリフォームが二人の趣味になった!
脱走防止トビラ
メッシュパネル
ワクワク♡
次はどこをリフォームしようか?
ウキウキ♡
そうだな~
キャットウォークいいよね

まるで外！ のびのびできる部屋づくりの小さなコツ

よく遊ぶネコは体力も発達しています。しかし、外に自由に散歩に行けない室内ネコの場合は、たまに人間相手に遊ぶ程度。本人（本ネコ）もこれじゃ当然もの足りないでしょうし、ついつい運動不足になりがち。

そこで、室内ネコの運動不足解消、ストレス発散のためにぴったりの方法を紹介しましょう。それは、家の中をネコが思いっきり遊べる環境に改造すること。この際、人間好みの部屋のレイアウトやデザインはできれば後回しにしてください。ネコの気持ちを重視し、ネコ仕様に模様替えしちゃいましょう。

ネコは、基本的に高いところが好きで、ただそこにいることが好きなだけではなく、高いところに飛び乗ったり、そこから飛び降りたりという動きが好きな動物。地面（水平方向）を走り回るのが好きなイヌと比べ、ネコは垂直運動が好きなんです。外で出会うネコたちを見ていると、なるほど塀や屋根にぴょんと華麗なジャンプを見せてくれます。

そこで、部屋を改造するときは、この習性を念頭におきましょう。たとえば、高さの違うたんすやクローゼットを低い順にだんだん高くなるように配置。またはいろんな高さの台を設置し、自由に飛び移れるネコ版ジャングルジムを作ってあげてもいいでしょう。

部屋も狭いし、そこまではちょっと……、という人もいるでしょう。そんなときは、市販のネコ用ジャングルジムが便利。いろんな高さの飛び乗りスペースなどが用意され、高い位置で昼寝もできます。これなら部屋のあちこちを改造しなくても、少ないスペースで遊んでもらえますね。

お金や手間をかけたくないなら、古いカーペットなどを巻いて棒状にしたものを部屋に

立てかけてみましょう。これが意外とネコに好評。よじ登ったり爪をといだりと、勝手に遊んでくれます。

それから、ベランダを改造して日向ぼっこスペースを作るのもいいアイデア。よその家へ行けないようにちゃんと仕切り、部屋から自由に出入りできるネコドアを作ってあげます。落下事故防止のため、フェンスを張ればもうカンペキ。外気に触れられるベランダなら、鳥が飛ぶ様子も観察できるため、さぞやネコに喜んでいただけることでしょう。

ところで、室内飼いのネコは、突然何かにとりつかれたように猛ダッシュを始めることがあります。毎日早朝や夕方になるとこれを始めるというネコや、ウンチをした直後に必ずダッシュするというネコも。そしてこのダッシュは、始まったときと同様に突然終了します。この行動は、日ごろのストレスを発散させているのだという説が有力。

狩りを行う必要がない室内ネコは、獲物を追いかけてダッシュすることもないし、なにより本能の欲求を満たすことができません。これを「猛ダッシュ」で代用しているんだそうです。ちなみに、自由に外出を許されているネコには、あまりこの行動はみられません。私たちにできることは、彼らが好きなときに全力疾走できるよう、滑りやすいフローリングではなく、カーペット敷きにしてあげること。これで思う存分ダッシュできますね。

これでキズなし！ ネコも人も快適な爪とぎ対策

ネコを飼うということは、お気に入りの家具、美しいインテリア、そして整った室内という、人間ならば誰でも大切にしたい快適な暮らしをすべてあきらめることでもあります。

ここで本を置き、一度あなたの周りをぐるりと見回してみてください。あなたの飼いネコ様の、傍若無人な破壊の傷跡が室内のいたるところに残っていることと思います。あなたは、高かったあのソファに座り、美しかったこのテーブルを前に、日々涙にくれていることでしょう。「どうして？ なんでよりによってここで爪をとぐの?!」と。

そうなのです。ネコは、わざわざあなたのお気に入りを選んで爪を立てています。清水の舞台から飛び降りるような覚悟で買ったあの家具で思う存分爪をとぎ、すました顔して「にゃん」なんて鳴いているネコ。

許しましょう。ムリにでも微笑みましょう。だって、**ネコは、あなたが好きだから、わざわざあなたのお気に入りで爪をとぐのです。**あなたがラブラブ光線を向けているお気に入りを、ネコも同じように好きになりたいからこその爪とぎなのです。

ネコはたんに爪を鋭く保つためだけに爪とぎをするのではありません。ネコの爪の周りには匂いを出す臭腺があり、爪とぎは自分の匂いをつける行為でもあります。ようするに、**その場所やモノを安心できる場所、自分の居場所、縄張りにしているわけ。あなたが好きな場所で、自分も安心してくつろぎたい。その思いが爪とぎとなって表れるのです。**この爪とぎ行為は、ネコの精神状態をよく表しています。「いま調子がいいからなんかしたいにゃ！」という表現欲のたまものでもあるんです。だから、うれしそうに爪とぎをするネコがいかに多いことか。人間でいうとうれしいときの鼻歌やスキップみたいなもんですね。

もちろん、爪とぎには狩りのために大切な爪をつねに尖らせておくという実用的な目的もあります。これは本能としてインプットされているので、狩りをしない室内ネコでも、かならず爪とぎを行います。円錐状になっているネコの爪は、古い爪の下に新しい爪が生まれるという仕組み。ネコは定期的に古くなった爪をこそぎ落とし、尖った新しい爪をあらわにしておく必要から爪をとぎます。このように、さまざまな理由で行われるネコの爪とぎ。これがネコにとっていかに必要な行動、大事な行動であるかがおわかりでしょう。

しかし、理由がわかったからといって、お気に入りの家具を台なしにさせておくわけに

お気に入りはどこにゃ

爪とぎにマタタビをつけたら……
反応しすぎ!
ペロ
ペロ
ポン 19歳 ♂
爪とぎどころじゃない。
ひたすらなめ続ける…。
しかたなく撤去。
結局玄関マットでバリバリやってます
ネコ型
バリバリ
ほーら、新しい爪とぎ買って来たよ。
ナニ?
みんこ 15歳 ♀
ナニ?
マロ 14歳 ♂
1
わたしのお気に入りはここよ。
バリバリ
カーペット
高かったのにー
バリバリ
これが好きにゃー
2
バリバリ
よかった!
ありがとう
友人
友人にあげたら…
3

はいきません。まず、「ここでだけは爪をとがれたくない」という場所には、思いきってプラスチック板、アルミ板などで覆いをかけてしまいましょう。そしてそこの近くに爪とぎ器を置く。爪とぎ器は市販のものでもいいし、板などに引っかかりの多い布などをまきつけた自家製でもかまいません。左ページのイラストを参考にして、ぜひお気に入りの素材と形態を見つけてあげてください。

爪とぎ器を置いたら、一度、ネコの手を取ってそこへ誘導してやり、爪とぎのマネをさせるといいでしょう。そうすれば、ほとんどのネコはあなたの意図を察して、そこで爪とぎをしてくれるようになります。

ただ、気をつけたいのは、**ネコはあちこちで爪をとぎたい！　という欲求の持ち主であること。寝場所やごはん容器のそばなど、複数の場所に爪とぎ器を置いてあげましょう。**

ところで、ほとんどのネコは柱などを前に後ろ足で立って、できるだけ体を伸ばして爪をとぎます。これはなるべく高い位置に爪跡を残そうとするからで、「縄張り意識」からくるもの。他のネコに「ここには、こんな高い所まで爪跡を残せるでっかくて恐〜いネコがいるにゃ！」ということを示そうとしているのです。まさに「背伸び」をしちゃっているわけで、そう見ると困った爪とぎもなんだか微笑ましく思えますね。

爪とぎの種類としつけ

爪とぎの種類
ヒモタイプ
カーペットタイプ
ダンボールタイプ
布タイプ
ここでやろうね。
カ〜リ〜
カーリー
爪とぎ器のところへ行って
ネコの手をとってやってみせる
バリバリッ
壁派です
バリバリ
ぼくは床派
・・・・
何か貼ってあるにゃ
できにゃいにゃ

心から安心して寝られるベッドの3ヶ条

ネコは1日の大半を眠って過ごしていますが、その寝姿は、見ているだけで人間を幸せな気持ちにしてくれる魔力を持っています。

で、そんなネコを見て幸せな気分になろうと思っていざネコの姿を探すと、いない。外には出ていないはずなのに見あたらない。しかたがないのでネコ缶をパカッと音を立てて開けてみると、意外なところからすっ飛んでおいでになることがままあります。タンスの上、ベッドの下、押し入れの中……。どうやらネコは、**世界でいちばんたくさんのベッドを持っている動物でもあるようです。**

人間からすれば、家の中をジプシーのようにあちこち放浪して眠るよりも、どこかお気に入りの場所をひとつ見つけて、そこに定住すればよいのに、といつも思います。

しかし、これもまたネコにとっては十分に意味のある行為なのです。一見、いきあたりばったりに見えるネコのベッド選びですが、彼らは彼らなりの明確な原則に従ってあちこ

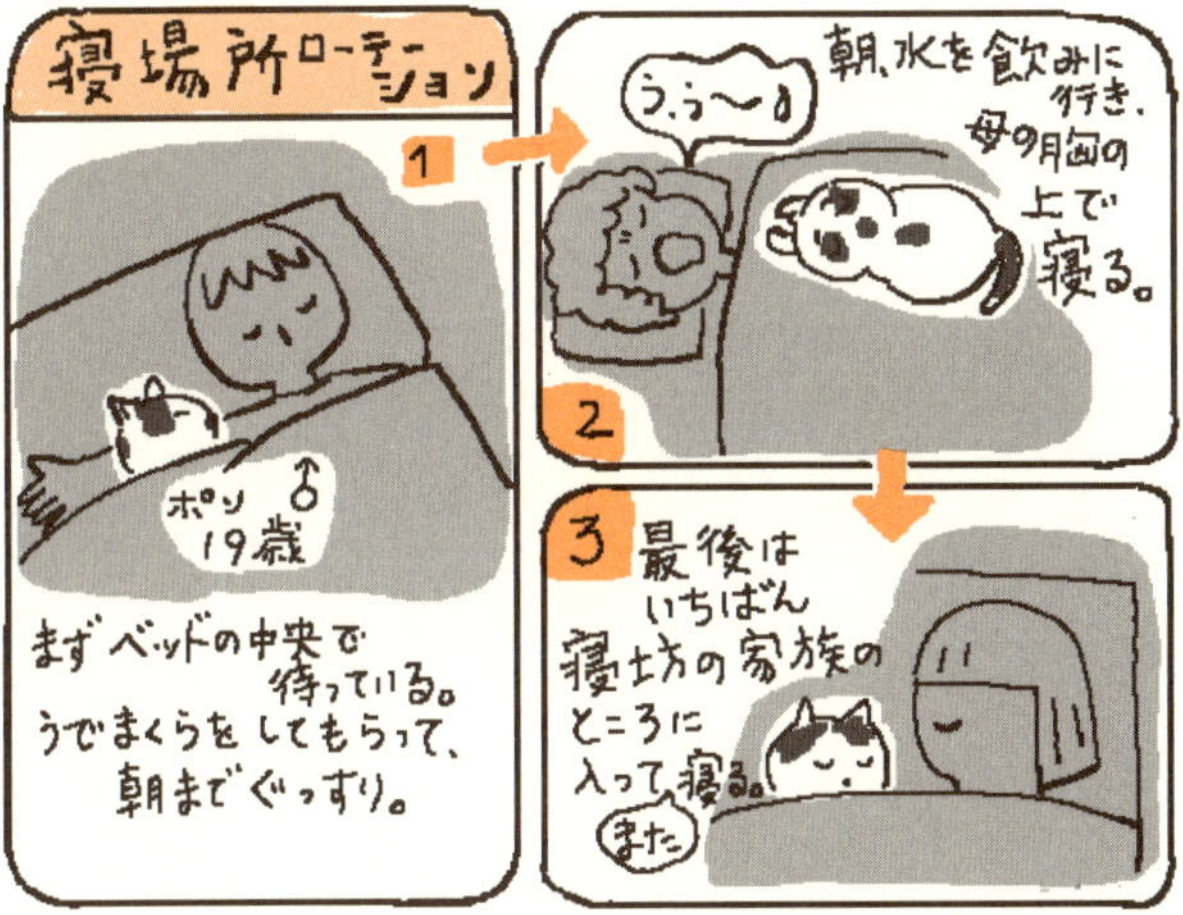
寝場所ローテーション
1
ポッ♂
19歳
まずベッドの中央で
待っている。
うでまくらをしてもらって、
朝までぐっすり。
2
うぅ〜
朝、水を飲みに
行き、
母の胸の
上で
寝る。
3
最後は
いちばん
寝坊の家族の
ところに
入って寝る。
また

ちの寝場所を移動しています。

その原則は、次のように大きく3つに分けられます。

① 快適な温度であること
② 安全な場所であること
③ お気に入りの召使いの近くであること

この3つの条件のいずれか、あるいは全部にあてはまる場所が、その時々のネコのベッド。このうちまず①に関してですが、ネコが快適と感じる気温は22度前後。ですから冬は暖かく、夏は涼しい場所へと移動します。

そして、その快適な温度である上に、②の条件も満たしていればもっといい。

安全な場所とは「見晴らしがきくところ」あるいは逆に「見つけられにくいところ」となります。ストレートにいうと、自分より強いものが来たらいち早く発見してダッシュで逃げられる場所か、あるいは最初から強いものに見つからない場所ということ。おそらく、その時々の気分「今日は調子いいぜ！」とか「ちょっとブルーな感じ」などで見晴らしモードとこそこそモードを使い分けているのではないでしょうか。

そして最後の③ですが、こちらは（私たちにとって）幸か不幸か①、②に比べるとだいぶ優先順位が低いようですが、「用ができたらすぐに召使い（人間）を呼ぶことができる場所」、「召使いがご主人様（ネコ）を無視してサボれないような場所」などです。

私たち召使いがサボるときというのは、たとえばテレビを見たり、新聞を読んだり……。そういうときは当然、そんな横着な態度をとらせないためにネコのベッドは「**テレビの上なおかつシッポはちょうど画面前にたらせる場所**」だとか「**読みたい記事のちょうど真上**」とかになるわけです。なかにはダイレクトに召使いのヒザの上やおなかの上などをベッドにお選びになるネコもいます。こういうとき私たちは決して邪魔だ！　などと憤慨したりしてはいけません。「私のこともちゃんと忘れてはいないのだ」と感動にむせび泣き、ネコが自らおどきになるまで忍耐することこそ、正しい人間の態度でしょう。

ネコ様の好きな場所
ふかふかにゃー
押し入れ
小さい子はニガテにゃ
クローゼットの上
高くて安心にゃ
おーい！あそぼー
お気に入りの
古いダンボール
何か!?
みかん
ポロッ
日の当たる窓ぎわ
ポカ
ポカ
仕事場のドーナツクッションの上
お気に入り
居場所は早い者勝ち…
おそかった…！

ネコがいきいき暮らせる部屋には必ずあるもの

ネコのジャンプ力はたいしたもの。ひょいと身軽に高いところにもとび乗ってしまいます。また、かつて野生のハンターとして生きてきたネコは、物陰に身をひそめて獲物をじっと狙っていました。そのためネコは、安全地帯として高いところや物陰を好みます。ならば、そうしたところに専用ベッドを置くのが私たちの務めでしょう。

では、どういうベッドをネコは好むのか？　いちばんは箱です。

みなさんもうご存じのとおり、ネコは箱や袋を異常なほど好みます。穴があれば入らずにはいられない。

どうしてあんなせせこましいところに入りたがるのか見ていて不思議ですが、これもやはりご先祖様から受け継いだ本能のなせる技。

もともと大自然の中、木の洞や大岩の下を巣にしていたご先祖ネコの血が、穴を見るたびにネコの心をかき乱します。

箱や袋を前にしたネコを見ると**「穴!」「入りたい!」「入らねば!」「入る!」という心の動きが手にとるようにわかります。**

この文明社会に生きる現代ネコとしては、そうした野生の血を騒がせるのはちょっと恥ずかしいのか。「入りたい入りたい入りたい」というそぶりと同時に、ちょっと私たちの目を気にするようにこちらをジッと見つめたり、あたりをキョロキョロ見回して、でも結局は誘惑に負けて入ってしまう。中に入ってもすぐ出てきますが、出たり入ったりを私たちの視線を気にしながら繰り返すネコもいます。

こうしたプライドと本能の板ばさみに苦しんでいるネコのためにも、ぜひ箱状のベッドを用意してあげてください。

中に柔らかい布などをしいて、ネコのその時々のお気に入りの場所へ。ネコ用のベッドなどという市販品もありますが、これをお気に召さないネコは意外に多いようです。せっかく買ってきたのに使ってくれない。しかし、怒ってはいけません。ネコが気に入るベッドを用意できるまで努力してください。

わずらわしい人目を気にすることなく、思う存分、穴体験を楽しめるようにしてあげれば、ネコのあなたを見る目もちょっとは変わってくるかもしれません。

「朝の起こし方」にだけは絶対従おう…

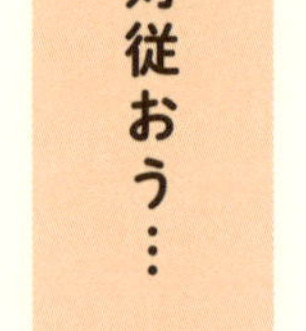

朝に弱くて遅刻ばかりしている人を見ると、「ネコを飼えばいいのに」と思ったりしませんか？

それが休日だろうと平日だろうと、たとえ正月三が日だろうと、ネコには関係ありません。ネコにとって「朝は朝」であり、「朝＝朝ごはんの時間」なのです。こちらがどんなにぐっすり眠っていても、今日はゆっくり眠ろうと思いながら惰眠をむさぼっていたとしても、二日酔いで頭が割れるように痛くても、彼らに遠慮などというものはかけらも存在しません。

まるで時計が読めるかのごとく、毎朝決まった時間に確実に起こしにくる存在、それがネコという生き物。

ネコが人間を起こす方法はさまざまです。しかし、共通しているのは、そのどれもが効果的な方法であること。私たちがネコの知能の高さ、いいかえるとズル賢さを思い知らされるのは、この毎朝の儀式を通じてといってもいいかもしれません。

というのも、**ネコは一度効果的な「飼い主の起こし方」を発見すると、それを絶対に忘れない**からです。

あなたのネコはどんな方法で起こしにくるでしょうか。

それが幸いにも「体の上に飛び乗ってくる」「枕元でニャアニャア鳴きわめく」ぐらいの平和的なものだったら、あなたは絶対にその方法で起きることを厳守しなければなりません。それら平和的な方法が通用しないとなると、彼らは次第に「おそろしい起こし方」へとエスカレートさせるからです。

ある人は最初、「平和的な起こし方」を無視しがちでした。枕元で鳴かれても、体の上を何度往復されても、高いびきで眠っていたのです。そんなある日、その人は雨でずぶ濡れになる夢で目覚めました。起きてみると、顔から布団まですべてがネコのおしっこでびっしょり。その傍らでは、出すものを出したネコが気持ちよさそうに伸びなんかしている。

これを悲劇といわず、なんといいましょう。しかも、この悲劇は一度では終わりませんでした。「顔をトイレとして使用すればすぐ起きる＝ごはんがもらえる」という事実が、ネコの脳ミソにはしっかりとインプットされてしまったのです。

また、ある飼い主は、毎朝窒息死寸前で目を覚まします。ネコが顔の上に乗って呼吸をさせてくれないからだそうです。噛みつかれる人や、引っ掻かれる飼い主もいます。

飼い主にとって不幸なのは、これらの恐ろしい行動を、ネコはなんの悪気も持たずにやっているということ。ただ「こうすれば飼い主が起きてごはんをくれる」というパターンを学習してしまっただけなんです。人間でいえば食堂で食券を買うぐらいの意識。

しかし、いつまでもトイレ扱いされたり、窒息死ごっこをしているわけにはいきません。朝方、ネコがそうした行動を取ろうとした瞬間、または直後にキビシク注意しなければならないわけですが、ネコにとってはこれが青天の霹靂《へきれき》。食券を買おうとしただけなのに、「こら！」と怒られたようなモノですから、びっくりして当たり前。つぶらな瞳をこちらに向けて「どうして？」なんて無言で訴えてきます。

こんな不幸に直面してしまった人に残された道は、「恐ろしい方法で起こされたときは朝ごはんをあげない」という基本的なことが案外重要だったりします。

せっかく起こしたのにごはんをくれない、ということがわかれば、次からはやめるかもしれません。

しかし、たとえ「人間の顔をトイレにしてはいけない」ことがわかったとしても、朝になるとやっぱお腹はへるわけで、ネコは次の方法にチャレンジします。

それは「たんすの上から爪を出しながら顔面にジャンプする」かもしれないし、あるいは「小はイケナイことのようだが、大だったイイかも」となってしまうかもしれません。これでは、平和な共同生活を送るのはちょっとムリ。

ハッキリいって、ネコはごはんのためならなんだってします。そうしたネコのごはんにかける意気込みをよく理解して、平和的な手段で起こしにきてくれるうちは、せいぜい従順にそれに従ってください。

トイレを失敗しちゃうのは「その場所」にあるから

爪とぎ問題と並んで、ネコと一緒に暮らす上でもっとも重要なのが、トイレの問題です。ネコはイヌよりずっとトイレを覚えやすい動物といえます。しかし、たまに覚えの悪いネコ様もいらっしゃいます。で、トイレのしつけに失敗したネコと生活することほど、人間の気を滅入らせることはありません。

ネコと暮らす！　そう決意した瞬間に、あなたはすぐさまトイレを用意しなければなりません。トイレに適しているのは、ネコがゆったり入れる大きさで、なおかつ5～10センチ以上のへりを持った箱状のもの。いろいろなタイプが市販されていて、囲いのようなフタがついたものもありますが、好みはネコによってまちまち。一般に臆病なネコほどフタつきのものを好み、フタなしのほうが開放的で好き、というネコももちろんいます。

この箱には砂などを入れてください。ペットショップにはネコ用のトイレ砂がいろいろ売られているので、それを利用するのもいいでしょう。ただ、ネコはトイレに関してはけっ

トイレ
・箱型
・フタつき型
あまりにおわない
砂のとび散りを防ぐガードつきがおすすめ
いつもきれいにしといてにゃ
トイレ砂は固まるタイプ流せるタイプといろいろ。素材もいろいろネコ様のお気に入りを
離す
静かで落ち着ける場所へ。エサやり場の遠くがよい

こうガンコな生き物。砂が気に入らないとトイレを使わないこともありますし、途中で砂が変わったときも同様です。ですから、まずネコが気に入る砂を見極め、一度決めたらなるべく同じ砂を使うように心がけます。また、子ネコをもらってくるときなどは、前の家で使っていた砂（使用後のもの）を少し分けてもらうのもいい方法。これを新しい砂に混ぜると自分の匂いがするので、トイレを覚えやすいのです。

　トイレが用意できたら、次は置き場所。**目安としては静かで、人（や他のネコ）の出入りが少ない落ち着いた場所。ごはん場所からは遠く、寝場所からあまり離れていないところがよいようです。**一回決めたら、置き場所は変更しないようにします。

こうしてトイレとその場所が決まったら、いよいよしつけです。トイレのしつけは最初が肝心。まず、ネコが家にやってきて、2～3日はつねに目を離さないようにします。ネコがそわそわウロウロしはじめたら、それがトイレの兆候。すかさず抱きかかえてトイレに連れて行きましょう。前述のような落ち着いた場所に適度な形状のトイレがあれば、ネコはさっそくそこで排尿・排便をしてくれるはず。し終わった後に、思いっきりなでてやるなど、「ごほうび」を与えましょう。

逆にトイレに連れていくのが間に合わなかった場合は、した後で叱っても逆効果。ネコは「いけない場所でしたから怒られた」とはわからず、「トイレをしたから怒られた」と勘違いする可能性が大。こうなると、以降、隠れてどこかでトイレをし続ける、なんてとんでもないジタイに発展します。こうしたときは、**尿や便をよく拭き取り、その拭き取ったティッシュなどをトイレの中に置いてやるのが効果的。ネコは自分の尿や便の臭いがする場所を続けてトイレにする習性があります。ですから、まちがってしてしまった場所のほうは逆に臭いが残らないようカンペキに掃除しておくことが大切です。**

ところで、そうやってトイレに自分の臭いを必要としているくせに、ネコには自分の便を埋めて臭いを薄めようとする習性があるのです。

これは「狩りの対象となる小動物に自分の存在を気づかせないため」「自分より強いネコを刺激しないため」などいろいろ説はあるのですが、どれも決め手に欠けるようです。

どちらにしても、トイレにちょっとだけ自分の匂いがする状態がうれしいのでしょう。

そして、あとはトイレの掃除です。掃除は、1日1回、砂と一緒に排泄物を始末する程度でOK（ネコ1匹の場合）。

また、トイレを掃除しないでひどく汚れた場合、ネコは別の場所をトイレに使うという報復行為に出ます。くれぐれも定期的な掃除に励んでください。

Cat column

ネコのオシッコはなぜクサイのか？

イヌなどに比べ、ネコは非常に「クサくない」動物です。人間にはネコの体臭がかぎとれないからですが、シャンプーなどを特にしなくても、ネコがクサくて困るなどということはほとんどありません。唯一の例外がオシッコ。びっくりするほどの悪臭がします。

ネコはもともと砂漠地方で誕生した動物ですから、水分を節約できるような体の構造を持っています。それほど水を飲む必要がないようにできているわけですが、その分、体内の水分を排泄物としてジャージャー出してしまうわけにもいきません。少しの水分に老廃物をできるだけ含ませて排泄する。つまりギュッと濃縮されたオシッコだから、あんなにクサくなるというわけです。

意外と見落としがち？ 家の中に潜む「ネコの大嫌いリスト」

ネコにとって、この世でいちばんツライこと、それはお風呂かもしれません。

そもそもネコの遠いご先祖様は砂漠に生きる動物だったといわれています。つまり、カラカラに乾いた土地。そんなネコにしてみれば、体が濡れるなんてとんでもない話でしょう。体が濡れるということは、水分が蒸発するときに体温を奪われるということです。夜は極端に冷え込む砂漠では、体内に脂肪が少ない、寒がりのネコにとってすれば命にかかわる話。自然にネコは体が濡れるのを極端に嫌う動物になっていったのです。

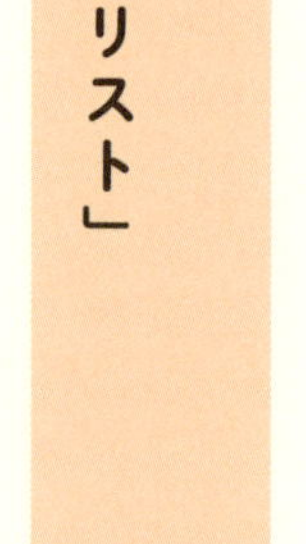

時は流れて現在の日本。この日本で、しかも家のお風呂に入ったからといって命にかかわることはないのですが、なにせ「濡れるのイヤ」はご先祖様からえんえん受け継いだ本能みたいなもの。小雨にあたるのも避け、ぬれ雑巾さえまたいで歩くというのに、全身びしょびしょになってしまうお風呂！　子ネコ時代に慣れさせているならともかく、好きなはずがありません。おまけにシャンプーなるものを体になすりつけられ、無防備なお腹や、

大事なものがいろいろある下半身をゴシゴシされちゃうし、心休まる自分の匂いだって落ちてしまう。しかも最後に待っているのがドライヤー。そう、ネコにとって、お風呂は拷問なのだということをよく理解しておきましょう（シャンプーのコツはP141参照）。

ネコが嫌いなモノは、もちろんお風呂だけではありません。ネコは耳も鼻も、人間よりずっと高い機能を持っています。極端に大きい音、ヘンな匂いにはうんざりなんです。

音に関していうと、掃除機などに代表される「ガー」というモーター音は、さまざまなノイズも同時に発生させるため、ネコにとってはまさに拷問。同じモーターでも、冷蔵庫、扇風機の音などは平気なようです。ちなみに、子ネコのうちから掃除機やドライヤーの音に慣らしておくと、大人になってもこれらの音を恐がることは、まずありません。

そして、**嫌いな匂いというと、酢の匂い。**あのツーンとくる刺激がたまらなく不愉快なようで、酢の匂いのする場所には、ネコは近づきたがりません。**同じくツーンとくるミントの匂いも大嫌い。**歯磨き粉や湿布なんかはその代表です。

また、匂いそのものというより、ケムいという理由でタバコの煙も好きではありません。タバコに火をつけた瞬間、ネコがプイと立ち去ってしまうことも珍しくありません。

いずれにしろ、ネコが嫌う音や匂いを理解しておくのは私たち人間の務めですね。

蛇口、お風呂、トイレ…「水飲み場」選びに表れるこのコの心理

「うちのネコは味にうるさいから、決まった銘柄のミネラルウォーターしか飲まない」と、たいへん高級な水などをネコ用飲料水として愛用している飼い主の方も時折りお見受けいたします。

が、28ページでご紹介したとおり、実はネコは味にはほとんど関心がありません。とはいうものの、この世には、水道の水を嫌うネコがいかに多いことか。

これは、ひとえにその匂いのせい。例のカルキ（塩素）臭というやつですね。このカルキ、人間にとってもクスリ臭いのですから、匂いに敏感なネコにとっては、まさに耐えがたい激臭なのでしょう。

カルキの抜けたくみ置きの水、たとえばお風呂の残り湯やトイレの便器の水などのほうが、ネコにとってはずっと「おいしそう」なわけです。

しかし、頭ではそうわかっていても、やはり我が家のネコが便器の水をチロチロなめて

いるところを見るのは精神衛生上よろしくありません。ましてやその同じ舌でこちらの顔なんかをなめられると思えばなおさらです。

こうしたあまり気分のよろしくないジタイを避けるためにも、ネコの飲料水にはカルキ臭のない水をおすすめします。なにもお高いミネラルウォーターである必要はありません。水道水を一度沸騰させて、それをよく冷ました（なにせ猫舌ですから）湯冷ましで十分なのです。

また、ネコはけっこうガマンのきかない動物でもあります。

ちょっと歩けば水飲みがあるというのに、喉が渇いたとなれば手近の風呂場やトイレですませてしまいます。そういったネコのズボラを見越して、家の中のあちこちに水飲み場を用意しましょう。

ところで、なかには**「水道の蛇口から流れる水をなめるのが好き」**というネコも若干存在します。それに対しては、**「そうするとおもしろいから」という説が有力。つまり、喉の渇きを癒しているというより、ああやって遊んでるんだそうです。**最近は水道に浄水器をつけている家庭も多いですから、蛇口から出る水でもカルキ臭が気にならないケースも多いのかもしれませんね。

知ってるようで知らないネコの男心と女心

ネコの性格はネコそれぞれ。生まれつき、あるいは生まれてしばらくの環境によって決定づけられるものです。たとえ同じ親から生まれた兄弟姉妹であっても、人なつこい子、ツンデレな子と、性格はいろいろ。

ただし、とても大ざっぱに分けると、**性格の違いがとてもはっきり出るのはやはり、その子が男の子か女の子かというところでしょう。**同じ母ネコから生まれ、同じ環境で育ってもやはりオスとメスでは性格はかなり違ってきます。

そもそも、ネコを含めたネコ族のオスは、基本的に遊び好きで陽気。ほがらかな性格で人懐っこいことが多いといわれています。

反面、メスは几帳面で、ときにわがままにも見える気分屋さんの傾向が。

これらの性別による性格の違いの傾向は、子ネコの頃からしだいに強まり、乳離れして行動が活発になる生後3～4か月の頃にははっきりとしたものとなっていきます。

野生（ノラネコ）の場合は生活環境が厳しいために、なにより生きるために必死。そのため街中で見かけても性別の違いと性格の違いはそれほどわかりませんが、飼いネコであれば一目瞭然。やんちゃで暴れん坊、でも人なつっこくてベタベタの甘えん坊、わかりやすいストレートな性格のオス。そして、甘えたいときは甘えるけれども、距離をとるときははっきり距離をとるメス。このように、性格は自然と変化してきます。また、基本的にオスは女の人が好き、メスは男の人が好きという不思議な傾向も。

そしてこの性格は、去勢、不妊手術をすることで、生涯同じ傾向が続きます。

不妊や去勢をせずに発情期を迎えてしまうと、オスの甘えん坊な性格は薄れて乱暴になることが多く、メスも繁殖と子育てが優先事項になって性格は変化していきます。

新しくネコを迎えるときは、やんちゃでかまって君で、ときにうっとおしいぐらい甘えてくるオスか、あるいはネコらしいクールでおとなしいメスにするか、思案のしどころ。

飼い主である人間が、一日中、ネコをかまいたくて仕方のないネコ好き人間であればオス、メリハリつけてネコとつきあいたいのであればメスを選ぶのがおすすめです。ただし、もちろんネコによって差があります。オスもメスもどちらもそれぞれかわいいのですが、あなたが相思相愛の関係になれるのは果たしてどちらでしょうか？

ネコを迎えるときに大事だけど忘れがちなこと

はじめてネコをわが家に迎え入れる。そのときにいちばん大事なことはなんでしょう？

トイレやネコ砂、爪とぎに食器に水入れ……。

はい、そうしたグッズはもちろんなのですが、**いちばん大切なことは、やはりネコの健康診断といえるでしょう。**

大きな保護団体や大手のペットショップなどからくるネコの場合は、引き渡しのときにすでに健康診断がすんでいることがあります。それでも念のため、近所、あるいはかかりつけの獣医さんのところにすぐに連れて行くのが正解です。

というのも、よそからわが家にネコを迎えた最初の1か月は、いちばんネコが体調を崩しやすい時期。それまでの環境から新しい環境に移り、はじめての人間との共同生活。飼い主さんがどんな人か、どんな環境で暮らすのか、ネコにとっても不安がいっぱいなのです。

そんな新入りネコのストレスと緊張による下痢や風邪などに備えるためにも、新しいネ

コの健康状態を確認しておくことはとても大切です。

そして、ノラネコなどの外ネコを保護して家に迎えるときは、最初に獣医さんに診察してもらうことがとくに重要になります。家に連れて行く前に、ペットクリニックに直行するくらいで、ちょうどよいでしょう。

というのも、ノラネコの場合は、一見どんなに健康そうに見えたとしても、ほぼ確実に寄生虫やノミ、ダニなどがいる可能性が高いからです。さらに、ネコエイズや白血病の感染の有無も調べておくと安心。最初に獣医さんに行くときに、そのネコのしたフンを持参することができれば、効率的に寄生虫の検査ができるのでおすすめです。

もちろん、寄生虫などがいても、あるいは感染症などにかかっていても、いまの時代は適切に治療をすれば、元気でかわいいネコとして生きていけることが多いので、こわがらずに獣医さんに見てもらいましょう。

また、ペットショップからくる純血種のネコの場合は、その種類によって固有の遺伝病やかかりやすい病気があることもあります。あとになってあわてないためにも、あらかじめ希望する品種の病気や特徴などを調べておくこともおすすめします。

2匹目以降のネコを迎える場合は、先住ネコとの相性を見るお見合い期間も必要です。

もう１匹…「親友」どうしになってくれる賢い迎え方

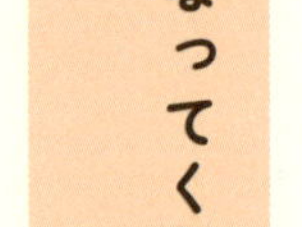

ネコに友情は存在するのでしょうか？　本来、ネコは親兄弟と過ごす子ネコ時代を除いて、つねに単独で生活する動物でした。群れは作らないし、友達も必要ない孤高の存在。しかし、人間と暮らすようになって、少し事情が変わってきました。大人ネコになっても、つねに人間という他者と共同生活を送り、飼われている他のネコがいたりすると、周囲にはいつもネコがいる。自然の状態では、エサの確保の問題から、肉食動物は一定の範囲内にごくわずかしか共存できません。でも、人間と暮らすようになったことで、ネコは他者（人間など）そして他のネコとの社交生活を余儀なくされたのです。

そして、人間と暮らすネコは、本来なら子ネコ時代だけで消えてしまう習性を大人になっても強く残しています。人間と一緒に寝たり、一緒に遊んだり。これは子ネコ時代に親兄弟にとる行動と同じ。だから、子ネコ時代から一緒に育った兄弟ネコとの共同生活は、大人ネコになってもたいがいうまくいきます。現在のネコは、野生時代からの一匹狼（ネ

◆多頭飼いのコツ

子ネコのうちに飼い始める

子ネコは順応性が高いので、ネコどうし仲良くできる可能性が高いでしょう。大人ネコでも、なるべく若い時期に多頭飼いを始めるのがおすすめ。

古顔ネコに気づかいを

新しいネコとの共同生活は、古顔ネコにとっては大きなストレスになることも。新顔ネコばかりちやほやせず、古顔ネコにも十二分に愛情を注いであげましょう。

お互いの縄張りに配慮して

エサ場や水飲み場を別の場所に作り、ネコどうしが接触しなくても行動できるレイアウトだと快適に過ごせるでしょう。

コ?）的側面と、人間と暮らし始めてからの群生動物のふたつの側面をあわせもった、なんとも微妙な動物といえるでしょう。

「うちのネコに友達を！」と、新しいネコを家族に迎えるときには、十分に古顔ネコに気をつかってやってください。ある程度の期間以上、ひとり暮らし（人間を除いて）をしたネコの場合だと、**新しいネコとの共存は大きなストレスになりかねません。**古顔ネコがもう大人で5歳を超えていて、しかも去勢をしていないオスだったりした場合は、一緒に暮らす「友達ネコ」を受け入れないことがほとんど。そういうネコは、人間だけを共同生活を営む仲間として認めているのです。

新顔ネコはたんに「縄張りを荒らす侵入

者」でしかありません。おまけに、気心知れた仲間であったはずの人間が、この新顔ネコをちやほやしたりすると、古顔ネコのショックはさらに大きくなってしまいます。気の荒いネコだと命を賭けた決闘、気の弱いネコだと家出という事態になりかねません。

友達ネコの導入は、なるべくどちらのネコも子ネコの段階で。大人になってからの導入なら、なるべく若い時期を選びましょう。そして、**どちらのネコもそれぞれの縄張りを持てるような部屋のレイアウトを考えてあげます。**両者専用のエサ場や水飲み場をそれぞれ作り、お互いが接触することなく行動できるような動線を確保してあげたいところです。

そして、古顔ネコの行動をよく見守ってください。たとえ部屋のあちこちに尿をしてマーキング行動をしても、怒ってはいけません。これは自分の縄張りを主張する精いっぱいの行動です。しんぼう強くお互いの存在に慣れさせることが大切。目安は約2～3週間。それでも古顔ネコが落ち着かず、攻撃的になったり、ごはんを食べなくなるなどストレスがたまっているようなら、残念ですが新顔ネコには新たな飼い主を見つけてやるほうがベターでしょう。

同じようなことは、新顔ネコに限らず新顔人間に対してもいえます。たとえば赤ちゃんが家族に加わるなどした場合。このケースではいくら古顔ネコの機嫌を損ねたとしても赤

祝 ハート型ネコ団子
太極型ネコ団子
わが家の冬の風物詩！
ネコ団子バリエーション♪
カワイ〜

ちゃんを他の家にあげてしまうわけにはいきませんから、根気よくネコの気が鎮まるのを待ちます。ネコが赤ちゃんに近づけないような部屋のレイアウトを考えることも大切です。

赤ちゃんがネコに害を与えない存在だと納得できれば、ネコは赤ちゃんを受け入れます。そして、忙しい時期だとは思いますが、赤ちゃんが生まれる前のようになるべくネコと遊んであげましょう。ちゃんとかまってやることが、和解への近道です。

新顔ネコも赤ちゃんも、古顔ネコとうまく共存できれば、それぞれにとっていい遊び相手になりますし、情緒や知能の発達にも効果は大です。どうかあせらず、新しい同居人を受け入れられるよう配慮してあげてください。

お留守番、「この場所」にだけは自由に行けるように

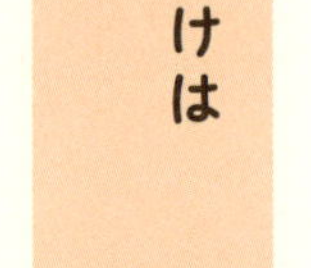

室内飼いのネコはひとりで留守番をすることをあまり苦にしません。寂しがりやのイヌとちがい、だいたいマイペースでのんびりくつろいでいます（もちろん、程度の問題で何日も人間が帰ってこない場合などは不安になるので要注意）。

日中の留守番であれば、時間の過ごし方の大部分は昼寝。昼寝からさめると、窓辺で外の風景をぼんやり眺めたり、家中を歩き回ってパトロール。

パトロールの際は、もちろんいたずらも同時に行ないます。

棚に登ってそこにある小物をちょいちょいと前足で払いのけて下に落としたり、出しっぱなしになっている段ボール箱をかじって、部屋中を紙くずだらけにしたり、ティッシュの箱に戦いを挑んで中身をボロボロにしたり……。

こうした「被害」はネコを飼う人であれば、とっくに覚悟しているはず。壊されて困るものはネコの手の届かない場所に置くしかありません。こればかりはしょうがないのです

が、ネコのために気をつけておきたいこともあります。それは、ネコが口にしたり、触ると危険なものを留守番のときに開放しているスペースから完全に排除することです。

たとえばネコにとっては毒となる植物や食品（ネギや観葉植物など。P126、134参照）や、つい飲み込んでしまいそうになるビニールやヒモなど。電源コードをかじって感電するネコもいるので、コードをかじるクセがある場合は市販の電源コードカバーなどを用意しましょう。コンセントもカバーをつけておくと安心です。

また、**ネコの大好きな窓辺は日光浴をしてビタミンを生成する大事な場所でもあります。陽の当たる窓辺には自由に行けるようにしてあげましょう。**老ネコでジャンプ力が衰えている場合は箱などで段をつけて登りやすくしてあげることも必要です。

エサや水をたっぷりと準備してあげることもお忘れなく。

最近は、外出先から部屋にいるネコの様子を観察できるWEBカメラなども安価に売られています。人間が留守のときネコが何をしているかチェックしてみてもいいかもしれません。ま、ほとんどの時間は、エサやトイレ以外は、昼寝をしているか、ごろりんと寝返りをするか、毛づくろいをしているはず。こんな映像を仕事場で見せられでもした日には、飼い主さんの勤労意欲は果てしなくゼロに下がってしまうことでしょう。

長期旅行でもストレスを与えないお留守番のコツ

ネコと暮らす人の頭を悩ませるのが、旅行に行こうと思ったとき。あなたは、ネコが誰もいない家で孤独にさいなまれ、不安にうち震え、絶望にとらわれるなどという恐ろしい事態を看過することなどできないはずです。とはいうものの、やむにやまれず旅行に出なければならない場合もあるでしょう。そういうときは、どうすればいいのでしょうか。

考えられる選択肢のひとつに、ネコも一緒に連れて行くというのもあるでしょう。が、長期間別荘に滞在するなどの場合を除き、縄張り意識が強いネコという動物を「知らない場所」へ連れ出すのはネコにとって不幸以外のなにものでもありません。

俗に「ネコは家につく」といわれるように、自分の匂いに包まれた見知った場所（＝自分のテリトリー）にいることがいちばん安心。1泊や2泊ぐらいの旅行であればネコに留守番をしてもらうのがベストです。このぐらいの期間なら、酷寒や酷暑の時期でなければ、水やエサをたっぷりと用意し、トイレも予備のものをもうひとつ置いておけば、多少退屈やさびしい思いはするにせよ、ネコは立派に留守番をしていてくれます。

もう少し長期の、たとえば3泊から1週間程度の旅行の場合は、動物病院やペットホテルに預けるという手段もあります。しかし、できれば慣れ親しんだ自分の家にいさせてあげたいもの。信頼のできる友人や隣人、あるいはペットシッターという専門業者に頼んで、エサやトイレの世話（ついでに遊び相手も）を家までしに来てもらうべきでしょう。

新しい家も気に入ってもらえる！引っ越しのコツ

ネコにとっての最大の悪夢が引っ越しです。ネコは先ほども言いましたが、自分のテリトリーとなっている場所から離れることを極端にいやがります。

とはいえ、そんなネコの願いに関係なく、やむを得ず引っ越しをしなければならない人間の事情というものもあります。これはしかたありません。

室内飼いのネコの場合、ストレスを与えないように引っ越しの当日はキャリーケースに入れ、引っ越しの大きな物音がしない場所で過ごしてもらいましょう。ペットホテルに退避してもらうというのも手です。

とくに気をつけたいのは、業者が家具などの運び出しをする際に開けっぱなしのドアから脱走してしまうこと。これはネコの脱走予防の注意事項（P106参照）とも重なります。**一度外にでてしまうと、引っ越しの物音に脅えたネコは家に近寄りたがりません。外の物陰に隠れてしまって人間が移動する時間になっても出てこないことも。**泣く泣くネコを置いていく、などという悲劇を絶対に招かないようにしてください。

　そうしたことがなく、新しい家に引っ越した後も、室内飼いのネコが脱走して、一路元の家を目指すことがあります。近所や同じ市内での引っ越しの場合はもちろん、遠い県であっても、ネコは帰巣本能が発達しているのでどこまでも元いた家を目指すケースも。途中で交通事故やネコ同士のケンカに巻き込まれることもあるので、こうした事態はぜひとも避けたいところです。

　そのため、**引っ越しの際はあらかじめネコの匂いのついた家具や寝具などをたくさん新しい家に運び込み、知らない人がいない落ち着いた環境で納得いくまで家中を探検させてあげましょう。**新しい家への移動の際も、いつものキャリーケースで、できればいつも使っている交通機関で移動させてあげてください。

　また、やむを得ず海外転勤にネコを連れて行く場合、転居先の国によっては新しい国の隔離施設で長期間（数か月とか）の検疫期間をひとりぼっちでケージで過ごさなければいけないケースがあります。これは大変なストレスになるので、ネコの年齢によっては世話をする人を見つけて日本で余生を過ごさせるという選択肢も考慮してみてください。

脱走！ させないために、したときは

ネコがいなくなった、帰ってこない！　これほど心が痛むできごとはありません。しかも緊急事態です。愛ネコは無事か？　なぜ帰ってこないのか？　帰ってきたくないのか、それとも帰ってこれないのか？　さまざまな疑問が飼い主を苦しめます。

ネコが外にも行けるように飼っている場合は、まず考えられるのは外でなんらかの事故にあったという可能性です。交通事故、ネコ同士のケンカによるケガなど。あるいは迷子か。とりあえずはネコのいつもの散歩コース、テリトリーを見て回ってください。

室内飼いのネコが脱走する場合もあるでしょう。こちらはうっかり開きっ放しになった窓や玄関から好奇心につられてつい出てしまったケースと、窓やベランダから転落してしまうケースがあります。

ふだんから外に散歩に行っていたネコが迷子になるのは、いつもは渡らないような車の往来が激しい道をたまたま渡ってしまったり、ケンカでよそのネコに追いかけられて知らない場所に行ってしまい、帰って来れなくなっている場合があります。しかし、そうしたケースを除くと、室内飼いの脱走ネコの場合を含めて、**自宅の数十メートル〜百メートルの範囲内というごく近くにいることがほとんどです。怖くて物陰に隠れているはずなので、根気よく人目につかない場所、駐車した車の下などを探してみましょう。**迷子ネコのポスターも有効ですし、念のため、お住まいの自治体の動物愛護センターにも保護されていないかどうかの連絡をしておきましょう。

また、費用はかかりますが、迷子の動物を探す専門の業者もいます。

そして、転ばぬ先の杖で、ネコが家出、脱走しないようにふだんから対策をとっておきたいものです。

まずは脱走対策。好奇心旺盛なネコの場合は、どんなに気をつけていても人間の出入りの際、宅配便の対応時など、一瞬の隙に外に出てしまいます。ペットや人間の赤ちゃん用の柵、ネット（網）などで玄関とネコのいる場所を物理的に遮断できればそれがいちばん。

たまに、ドアの取っ手にジャンプして開けてしまうようなネコ様もいます。取っ手にはめるストッパーなども市販されているので、気になる方は探してみてください。

季候のよい時期は窓を開けて外の空気を室内に入れたいところですが、網戸に注意。ネコの爪と牙ならば大抵の網戸は穴を開けられます。活発なネコを飼っている人は、人間がそばにいない時間は窓をかならず閉めておく、あるいは費用がかさみますが丈夫なペット用網戸に交換してしまうという方法も。

室内飼いだけれど、ベランダには出しているという飼い主さんの場合も、出すときはかならず人間がそばにいるようにしてあげてください。ネコのベランダ（や窓）からの落下事故は、春から秋が多いといわれています。

というのも、春はチョウ、夏はセミ、秋はトンボなどの虫がひらひらと、ネコにとってすぐ手が届きそうなところに飛んでくることが多いため。こんなとき、ネコはときならぬ狩猟本能に目覚めて興奮し、ベランダの手すりをよじのぼり、あるいは網戸を破るなどして、勢いあまって転落という事態が多いようです。ベランダにネコを出す場合は、くれぐれも愛ネコから目を離さないようにお願いします。

万が一、家出や脱走をしたときのことを考えてふだんから対策をしておきましょう。

首輪をつけるのはもちろん、首輪にはネコの名前と飼い主の連絡先を書いておくことが大切です。しかし、ネコの首輪はなにかに引っかかったときにネコの首が締まらないように、とても外れやすい構造になっているため、首輪だけでは安心できません。

脱走対策
・玄関
ドアの開け閉めは確認してから
外にゃ
トコトコ…
・ベランダ
格子やネットでガードする
・網戸 ストッパーなどをつける
迷子札やマイクロチップをつける

最近、定着してきたのがマイクロチップの挿入です。ネコの名前とくわしい飼い主情報が永久記録された小型マイクロチップを注射でネコの首の後ろに挿入します（ほとんど痛みはありませんし、ネコの日常生活にも影響はありません）。迷子になって保護されたネコにスキャナーをあてると情報が表示されるため、万一、保護された場合は連絡をもらうことができて安心です。

　また、いなくなったときの捜索ポスター作りのために、スマホなどで定期的に〝最近のうちのコ〟の写真を撮っておきましょう。さらに顔や鳴き声、カラダの柄がよくわかる動画を撮っておくと、SNSやブログなどで迷子情報を発信しやすいのでおすすめです。

命を守れるのはあなただけ！
もしものときの防災対策

近年、日本では地震、津波、噴火、豪雨など大きな災害が続いています。避難勧告や避難所などの単語もいつのまにか聞きなれたものになりました。万一、災害にあい、いざ自宅から避難という場合、気になるのはやはりネコのこと。どうすればよいでしょうか。

お住まいの**自治体によっては、ネコを含むペットとの同行避難を推奨している場合もあります。その場合、避難所の一室もしくは一角が動物連れで避難してきた人のために用意されていることがほとんどなので、それぞれの自治体に確認しておくと安心です。**

火災や津波など、自宅に致命的な災害が降りかかる可能性の大きい場合は、もちろん同行避難をすることになります。こんなときのために、日頃からいつものキャリーケースのそばに、ふだんから避難キット（食べなれたフード、水のペットボトル、できれば携帯できるトイレと砂）を用意して、すぐにキャリーケースに入れたネコと一緒に持ち出せるようにしておきましょう。

地震でも火災の危険がない場合、大雨でも高台に家がある場合など、自宅が雨露をしのげる環境に保たれて、当面の危険がないのであれば、人間は避難してもフードや水や保温の寝具などは用意した上でネコは置いておくという選択肢も現実的です。ネコはイヌとちがって環境の変化に敏感な生き物。慣れない場所に移動すると、ストレスから避難所で鳴くなど、周囲の人に負担をかけることも考えられます。脱走することもあるでしょう。であれば、ネコには慣れ親しんだ自宅に居てもらい、人間が定期的にエサやトイレの世話をしに帰るほうがよいケースも考えられます。

そして、日中、飼い主が留守にしているときに災害が起こるケースもあります。

「わが家にはネコが1匹（名前：タマ）います」というような玄関のドアに貼るシールなども市販されていたり、動物愛護団体が配布したりしています。倒壊したり、あるいは倒壊しかかった建物でも、そうした目印があればレスキュー隊がドアを開けて救出したり、ネコが戸外に出て最悪の危険を免れるための一助となるでしょう（そうした場合にネコに再会できるようにするため106ページのネコの脱走時のための項目をご参考ください）。

ないにこしたことはない災害と避難ですが、やはり万が一の最悪の事態を考えて、避難の段どりとフードとネコ砂の備蓄をお忘れなく！

苦痛と快楽の恋と子育て

発情は恋の予感

ネコの発情期は恋の季節であり、歓びと苦しみの季節でもあります。オスもメスも落ち着きがなくなり、しきりと尿によるマーキングを繰り返し、異性を思って切なげな声を立てます。

しかし、よく見ると発情の主導はメスのようです。やたらと人に甘えかかり、高く甘い声で鳴きわめき、はしたないことには下半身をつきだしてうずくまる交尾のポーズをところかまわずとったりする。オスのほうはむしろ、こうしたメスの声や、ポーズ、匂いにつられて発情期に入るといえます。発情期を迎えたメスの周囲には、次から次へとオスが誘われてやってきます。

交尾はメスの気分しだい

メスはくるオスくるオスと次々と交尾を行います。ネコの交尾は1回が5秒ほど。何度も何度もオスを誘惑するのですか、オスにも限界があります。1匹だけでお相手は大変なわけで、あるオスが行為を終えて休んでいる間に別のオスが代わるといった光景も珍しくはありません。

実は、メスにとって交尾は、快感どころか苦痛でしかありません。というのも、オスのペニスに

・発情期は年に2〜3回。
・ネコの妊娠期間は約60〜70日。
・2週間前から産箱を用意。
にゃ〜お〜
ダンボール
手足をのばしてゆったりできる大きさを。
新聞紙やタオル、汚れたら取り替える。
ごはんや水は産箱の近くに。

はびっしりとトゲが生えていて、行為の際にメスにかなりの痛みを与えます。この痛みがメスの排卵をうながす引き金になるのです。ネコは人間とちがい、交尾排卵動物。ですから、痛みによる刺激を受けることで、メスの排卵が促されるというわけです。そうなっている以上しかたなく、メスネコは一晩に何回も何回もこの苦痛に耐えて交尾を繰り返すのです。

一方、オスにとっても交尾と苦痛は無関係ではありません。なにしろそのたびに痛いわけですから、メスは怒ります。当然、その痛みを与えるオスに対して、メスは引っ掻くは噛みつくはで、オスにとってもほとんどSMプレイ。どうしてもっと平和的にできないのかさっぱりわかりませんが、とにかくそうなっている以上しかたがないわけです。こういうわけで、オスはメスが油断するのを見計らってそっと近づき、スキをついてはメスにのしかかるしかありません。

その際、メスの首筋に歯を立てるのは、そこを噛まれるとネコは身動きできなくなるというネコの習性（母ネコが子ネコを運ぶときにそのほうが都合がいいから）を利用しているにすぎません。

●子育てはメスの仕事

ネコの子育ては「マメ」のひと言につきます。とくに子ネコが産まれたばかりのときは、母ネコはトイレとエサを食べにいくほんの短い時間を除いては、子ネコの側を絶対離れません。

そんな母ネコは、2〜3日に一度、あるいはそれ以上の頻度で巣（寝場所）を変えます。押入れの中など、安心できそうな新しい巣を見つけては、1匹ずつ子ネコの首すじをくわえて運んでいきます。おそらく巣の近辺に自分たちの匂いが強くなりすぎて、敵に見つかる恐れが増えたという本能的な判断からくる行動でしょう。ただ、母ネコは自分の子の数が現在、何匹なのかを忘れてしまうらしく、全員を運び終えたにもかかわらず、最初からいもしないもう1匹を捜してまわることも。安心できる巣で、母子仲良く全員がゴロゴロと喉を鳴らしながら授乳や昼寝をしている姿は、平和そのもの。なるべくジャマをしないようにしましょう。

第3章

「7歳」は一生の曲がり角。
ずっと元気でいるための健康習慣

シニアになるとネコも丸くなる？

シラス
8歳 ♀
神経質
プライド高し
フン!
だが、若い頃の気難しさは今の比ではなかったのだ・・・
えっ?もっとコワかったの?
そうじゃ さわると ケガしそーだったニャ～
気が向かないと抱っこさせてくれない
やめニャさいよ!! はなせー!
ゴロゴロのどを鳴らしてたのに突然爪をたてる
なんだかイラッとしたニャ
名前を呼んでも振り向きもしない
……
トットットッ
シラス～♡
なでたりさわったりすると「やめてよね」って、大きなため息をつく
フ～
イラッっ
シラス～
ハア～

それが最近はネコが変わったみたい♡
今では旦那さんのヒザの上が大好きで
気持ちいいかぁ〜い？
次はボクニャ
モミモミ…
ゴロゴロ
マッサージがお気に入り
食べやすさを考えて食器を変えたら喜んでくれた
カッコイイ〜
ラクだニャー♡
ただいま〜
帰宅するとお出迎えしてくれる
スリッ
名前を呼ぶと返事をしてくれる
シラス〜♡
ニャー
シラスはまだまだ若くてイケてるよね〜♡
もちろんだ
ニャー
ほら♡
返事してくれた！
シニアになるのも悪くないよね♥

シニアになると、ココロとカラダがこんなに変わる

少し前は、家ネコの寿命は12～13年といわれていました。その頃は5～6歳頃からシニア、つまり中年ネコなどと呼ばれていたものです。しかし、ネコ専用フードが発達し、ネコ特有の病気に対する治療法も進歩した現在は、室内飼いのネコの平均寿命は14～15歳。20歳を迎えるネコも珍しくありません。

当然、シニアと分類される年齢もそれにしたがって上昇し、**いまでは7～8歳頃からがシニアと呼ばれるようになってきました。**ただ、いまどきのネコは7～8歳ならまだまだ元気。頻度は少なくなってくるものの、若い頃と同じようにかけっこやいたずらをするシニアも少なくありません。それでもよくよく観察すると、若い頃とくらべると、どことなく毛色が薄れてきたり（つまりネコの白髪）、毛ヅヤが悪くなってきたりも。これもどことなくですが、尻尾が以前よりもピンと立つことが少なくなってきたり、寝る時間がだんだん増えてきたり……。**暮らしている環境やエサの内容によっても老化の速度は変化します。**

もちろん、ネコによる個体差もあるでしょう。

一般的に、年をとるにしたがって、ネコは運動量が減り、落ち着きが出てきます。やんちゃだったネコが、いつのまにかしっとりと落ち着き、人間の言葉や意思がわかるような思慮深さも見せはじめる。

シニア期以降は、本当の意味でネコと人間の心が通じ合うような関係になってくる時期でもあります。 子ネコや若ネコとはできなかった、心の触れ合いのできるときが、ついにやってきたのです。こうした関係をいとおしみながらも、運動量が減ることによるカロリー消費の減少などにも気を配り、フードを中年用のものに変えるなど、健康&肥満対策も必要になります。

元気で長生きの秘訣は「7歳からの習慣」にアリ

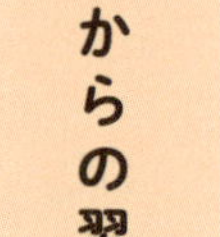

シニアの時期のネコは、以前のようにむやみやたらに走り回ったり、遊びをせがむことがなくなり、窓辺で日向ぼっこをしたり、一日の中で寝ている時間が次第に長くなっていったりします。

とはいっても、シニアになったからといっていきなり体力がガクッと落ちるわけではありません。なにしろ、現在のネコの平均寿命は約15歳です。7〜8歳なら、まだネコ生の半分しか経っていない時期。

食欲もまだまだ旺盛です。

ただ、行動が落ち着いたぶんだけ消費カロリーが少なくなっているので、フードもシニア用のものだけを食べてもらったほうがいいでしょう。シニア用は若いネコ用のフードにくらべてカロリーが押さえられて肥満防止になるほか、ネコの年齢に合わせてタンパク質や塩分の量が調整されています。

遊びも、以前ほどではないですが、それなりに人間の相手をしてくれますから、ネコのご機嫌を見てたまにはネコじゃらしやボールでかまってあげてください。
シニアのネコは、たまに遊ぶことによって脳が活性化し、また、体力の維持にも役立ちます。遊びというより健康のための運動ぐらいの気持ちで定期的に誘ってみましょう。

こうしたシニア期は4~5年続き、やがてネコは老年期に入っていきます。若い頃は病気知らずだった健康優良ネコでも、この時期からは風邪をひいたり、体調を崩しやすくなりがちです。

かかりつけの獣医さんでの定期的な健康診断や身体検査が重要になってくる時期ともいえます。一般的には若いネコであれば年1回、シニアであれば年2回の健康診断が望ましいとされていますが、ネコによってはもっと多くても安心かもしれません。

また、あまり神経質になる必要はありませんが、愛ネコの体調や様子によってはネコ用の健康サプリなども検討していいかもしれません。関節や腎機能のケアなど具体的な用途のサプリのほか、健康全般に効能があるとされているものもあります。愛ネコに合ったサプリがあれば、獣医さんに相談の上で試してみてください。

遊びやフードの選択も含めたこの時期の健康のケアが、愛ネコの長寿につながります。

ぶくぶくおデブ化…
わがままさんでも成功するダイエットのコツ

ネコは人間やイヌなどと比べると、食事のコントロールが上手な動物です。つまり自分に必要な分ちょうどのカロリーだけとって、食べ過ぎをしない本能を持っています。

しかし、飼いネコの中にはこの本能がちょっとあやふやになっているネコもたまに見受けられます。いわゆる肥満ネコですね。こういうデブネコは、小さいときに偏食を許されて育ったり、極端に運動不足となる環境で飼われていたりなど、本人（本ネコ）の責任とはいえない場合が多いのですが、やはり肥満は肥満。健康の大敵です。

そもそも、あなたのネコがデブかそうでないかは、どうやって見分ければいいのでしょうか。というのも、本当は太ってないのにダイエットさせる人や、逆に、自分の家のネコが太っているという事実を認めたがらない人がいるからです。

ネコによって体重や体型は個体差があるので一概にはいえませんが、いちばんの目安は、やはりお腹。**ふつうに立ったときに上から見て、お腹の部分が左右にはりだして「ナス」**

①ワキの下に手を入れて、肋骨をさわってみる
すぐわかればOK!
デブネコCHECK!
ニャ
②真上から見てみる!
フッ…
首からお尻まで同じ幅ならOK!
•くびれてたらやせ気味
•ふくらんでたら肥満

のような形になっているようなら危険信号。

また、ごはんはちゃんとカロリー計算をしていますか。一般にネコに必要とされているカロリーを大きく超えた量を毎日食べているようなら、そのネコはやはりデブネコである可能性が大です。

体重1キロあたりの、ネコに必要な1日のカロリー量は年齢によっても変わってきますが、大まかなところは以下のとおり。

①生後約10週までの子ネコ（約250kcal）
②運動量の多い成人ネコ（約80kcal）
③運動量の少ない成人ネコ（約70kcal）
④妊娠中の母ネコ（約100kcal）

運動量の多いネコとは、戸外に自由に散歩に出られて、しょっちゅう木登りをしたりケンカをしたりしているネコ。逆に室内ネコなどは運動量の少ないネコといえます。たとえば室内飼いで４キロのネコなら、１日約２８０キロカロリー必要という計算です。

前ページにあるイラストのデブネコチェックも参考にして、やはり太っていると認められた場合には、ダイエットをさせてあげねばなりません。

まず必要なのは食事によるダイエット。**食事療法の場合は、量を減らすことはもちろんですが、フードの質を変えることも必要です。**人間のダイエットと同様に、脂肪分を減らし、繊維質を増やしたフードを。脂肪分が少ないということは、ネコにとっては「おいしくない」ごはんでもあるので、いつものごはんにちょっとずつ新しい食事を混ぜながら割合を増やしていくなど、根気よくそのフードに慣れさせることが大切です。

また、運動量を増やすことも効果的なダイエットにつながります。たとえ室内ネコでも、飼い主が遊んでやればそれだけ運動量が増えることになります。ネコじゃらしやひも、おもちゃなどを使って（P32参照）、ぜひ遊んでやってください。

ところで、健康のためのダイエットで体を壊してしまっては本末転倒です。ダイエットは万が一を考えて、かかりつけの獣医さんとよく相談しながら行ってください。ダイエット用のフードも、獣医さんに紹介してもらうとよいでしょう。

ニャンコDIETの効能は？

ずっと元気が続く！　ネコの完全栄養学

サザエさんが追いかけるドラネコは決まって魚をくわえて逃げて行きますが、ネコは本来肉よりも魚が好きということはありません。肉よりも魚を食べることが多かった日本では、昔からネコに魚をあげていたため、魚になじんでいるだけなのです**（ちなみにアメリカのネコは、魚より肉やレバーを好みます）**。ネコの食性は子ネコ時代に強く影響されるので、大人ネコはその好物から生い立ちが自然と見えてきます。

で、ネコは完全な肉食動物で、肉や魚からすべての必要な栄養素をとることができるわけですが、バランスをとる上で様々な動物性タンパク質を与えてあげなければなりません。ネコに必要な栄養素はたくさんありますが、それらを毎日適量与えるのははっきりいって困難。だから、ネコには「総合栄養食」と明記されたキャットフードを召し上がっていただくのが正解です。

必要な栄養素のなかでとくに注意したいのは「タウリン」という栄養素。このタウリン

は足りないと夜目が利かなくなったり、失明したりする非常に重要なアミノ酸関連物質なのですが、ネコはこのタウリンを体内で合成できません。ですからネコ用フードにはタウリンが添加されています。

たとえばイヌなどタウリンを合成できる動物のエサはタウリンを配合していないので、ネコにはネコ専用フードでなければ不安。決して安いからとドッグフードで代用したりしないでください。

また、人間やイヌなどと比べてネコはタンパク質が大量に必要だということも知っておいてください。

逆にネコにあげてはいけない食品もあるのです。

まずダイレクトに毒となるもの。ネギやタマネギなどがこの代表で、人間など他の動物には何でもないネギ類は、ネコにとっては赤血球が溶けて貧血になったり、血液に毒だったりと、恐ろしい効果をもたらします。アワビなど一部の貝類もネコの体に害を与えますし、カツオやアジにもこればかり食べすぎると毒になる成分があります。

また、これらはいわばネコにとっての「毒」ですが、べつの意味で危険な食品もあります。鳥の骨などがそうで、噛んだときに裂けやすい鳥の骨はネコの体内のあちこちを傷つけます。鶏肉や魚を与えるときは、骨を取り除いてからにしてください。

そして28ページでも触れましたが、油や塩分など、人間にはちょうどよくても、ネコにとってはとりすぎとなる成分もあります。ネコに味つけは必要ないのです。

この他、やりすぎてはいけないもの、ときには害のあるものなど、けっこうこの世にはネコにとって危ない食品が少なくありません。

ネコは自分でごはんを選ぶことができません（狩りでネズミを食べることで足りない栄養をまかなっているネコもいますが……）。左の表を参考にして、大事なネコの健康を守ってあげてください。

◆ネコが食べてはいけないもの

ネギ類	貧血や中毒の原因になる
大きな魚の骨	口やのどにささると危険
アジやサバ	背が青い魚には不飽和脂肪酸が多量に含まれる。こればかり食べ続けるとビタミンEが不足して病気の原因に
イカ　タコ　貝類	食べ過ぎると胃腸障害を起こすことがある。加熱して少量ならOK
アワビ	アワビの肝臓の成分は、日光に当たると毒になるものがある。目が腫れたり、皮膚炎になることがあるので絶対に与えないこと
鳥の骨	骨が鋭く裂けるので、胃にささりやすい
豚肉	生肉は寄生虫感染の原因に。加熱して与える
牛乳	消化できず下痢をするネコが多い。与えるならネコ用のミルクを
ドッグフード	必要な栄養素がイヌとネコでは違うため、ドッグフードでは代用できない
人間の食べ物	塩分や糖分がネコには多すぎるので与えない

元祖猫舌が明かす、熱いのがダメにゃわけ

ネコ舌と簡単にいいますが、おそらくネコのほうはこの言葉に大変、慣概しているはずです。というのも、**熱い食べ物が平気！　なんていう動物はこの地球上に人間ぐらいしかいない**わけで、その人間にしても子どものときから熱い料理を食べているうちに舌の感覚がマヒして食べ物の温度に鈍感になっているにすぎないんですから。

なにしろ、自然界のものをそのまま食べている動物にしてみれば、この世でもっとも高い食べ物の温度はエサとなる動物の体温がせいぜいのところ。体温の高い小鳥のそれが高くても40度ぐらいですからタカが知れてます。

ですからネコも、いちばん食欲がそそられるエサの温度は小動物の体温程度の33〜40度ぐらい。肉食動物のネコとして、実に理にかなっています。「やっぱり熱々の料理じゃなきゃ」「舌が焼けそうなコーヒーが欲しい」なんていう人間という動物は、ネコから見れば救いがたい鈍感か、ヘンタイ的なマゾヒストにしか見えないでしょう。

それでは、人間以外の動物はみな熱い食べ物に弱いのに、なぜよりにもよって「ネコ舌」などと、ネコがその代表のように思われているのでしょうか。

これはあくまで推測ですが、単純に「身近な動物のなかで、熱いものに対する反応がいちばんおもしろかったから」ではないでしょうか。ネコの憤慨がますます高まりそうですが、何しろネコの舌は例のザラザラ。いつもは便利なこの舌ですが、このときばかりは裏目に出て、熱いスープなどは舌にからみついてもう大変。おなかを減らしたネコがエサの熱さに「フーッ！」などと怒りながら、それでも空腹に負けてチャレンジしている様は涙なくして見られません。このときの涙はもちろん笑いすぎての涙で、人間がネコに優越感を感じられる数少ない貴重なひとときです。

ただし、ときたま、熱いエサをほとんど気にしないネコがいます。沸騰寸前のミルクなども平気でペロペロなめちゃったりして驚かされますが、こういうネコは、実は人間と同じで舌が鈍感になっているのです。兄弟で争うように食べていたとか、たまたま子ネコ時代から熱いものを食べたりしているうちに耐性がついたのでしょう。

まあ、どっちにしろネコが「おいしい」と感じるのは35度前後。**ごはんを食べないときは、ちょっとあったかいぐらいの温度にしてあげると喜んで食べることもあります。**

一気食い、ムラ食い…どっちが正解？

ネコびいきの人でも「ネコの食事マナーってステキ！」とはとても思えないでしょう。「だらだら何度も分けて食べる」「わざわざ食器からエサを取り出して食べ散らかす」……。しかし、「ネコ食い」と呼ばれるこれらの食事マナーは、本能に従っているだけ。

そもそもネコは肉食動物で、食事ができるかどうかは狩りしだい。「食べられるときに食べておく」ことが大事ですから、野生のネコは一度にお腹がいっぱいになるまで食べます。それに対して飼いネコは、ねだればごはんが与えられます。小腹がすいたくらいでごはんをもらい、すぐ満腹になり、必然的に何度にも小分けして食べることになるわけです。で、ネコごはんの正しいサーブのしかたですが、**健康で標準体重の飼いネコの場合は、いつも食べられるように皿に出しておくのが正解です。**ただ、夏場はいたまないようにドライフードを利用するなど気をつかってあげてください。

そして、食器からわざわざエサを出して食べる件ですが、これはごはんの大きさにも関係します。野生ではネズミなどを捕まえたら、とりあえずくわえて安全な場所まで移動し、それからゆっくりお食事タイム。だから、一口では食べられない魚の切り身や肉の塊などをあげると、ほぼ皿からお出しになって食べます。これがイヤなら、ごはんを小さく切ること。皿のまわりを食べカスで汚すことだけは許してあげましょう。容器のなかに顔をつっこんできれいに食べるのって、結構大変なんですよね。

おにぎり 大好き！
友達のうちで おにぎりを…
ふうちゃん ♀
8歳
食べようとした…
いただきまーす
?
彼女はときどきハンターになるという…。
元のら
ふう〜
いつもは「カリカリ」をおとなしく食べているらしい。

ネコ草はＯＫなのに、観葉植物は絶対ＮＧなワケ

ネコはたまに草を食べます。それは、栄養がどうとか、薬草がわりに、というものではありません。**ネコは胃の中のものを吐き出す「道具」として草を食べるのです。**

何を吐き出しているかというと、毛玉。そう、ネコはしょっちゅう自分の体をペロペロなめていますが、なにしろあのザラザラした舌でなめるのですから、当然、胃の中に毛玉がたまります。その毛玉を放っておくと腸がつまったりして大変なことになってしまうので、定期的にそれらを吐き出す必要があるんですね。ネコは草を食べて胃に刺激を与え、オエーッと毛玉を吐き出します。このとき、胃にチクチクと当たる草の感触を刺激にしているのだという説や、特定の草に含まれている化学物質でムカムカさせて刺激にしているという説など、そのメカニズムの詳細は諸説あります。

諸説といえば、「ネコが草を食べるのはそこに必要な栄養素が含まれているからだ」という説もあります。その根拠としてイネ科の植物にはネコの成長に欠かせない「葉酸」と

◆中毒の危険がある植物

種類	症状
ヒヤシンスやスイセン属の球根、アイリス、ジンチョウゲ、アザレア、ツツジ、キョウチクトウ、月桂樹、極楽鳥花	頭痛、下痢、吐き気、よだれ
ホオズキの実、ジャスミン、ベラドンナ、ニセアカシア、ヒマの実、オモト、サフランの球根、アイビー、ソテツ	胃腸障害
チョウセンアサガオ、ベラドンナ、ジャスミン	瞳孔が開く、発熱、心臓の虚脱
アサガオ、ツルニチソウ	幻覚症状による異常行動など
アジサイ、リンゴ、アンズ、モモ	シアン中毒
チドリソウ、トリカブト、イチイ、スズラン、キョウチクトウ	心臓への毒性による動悸や吐き気

いう物質が含まれているということがあるようですが、あまり一般的な説とはいえないようです。

また、室内ネコの場合、退屈やストレス、好奇心などから観葉植物をなめたりかじったりする場合もあります。観葉植物には上の表のように害になるものが少なくありません。動物病院へ来院する中毒のなかで、殺虫剤に次ぐのがこの植物による中毒。草好きのネコには、観葉植物は決して見せず、ネコ草を用意してください。ネコ草は市販のものでもOKですが、ほかにも牧草（かもがや）、芝生、小麦、からす麦、菜種などはおいしく召し上がっていただけるはず。ぜひ栽培してあげましょう。

室内ネコならでは!?「心のトラブル」の見極め方

じつは、**ネコは見つめられるのが苦手。**ネコにとって視線を合わせることはケンカを売っているのと同じだからです。**瞳に似たカメラのレンズを向けられることも、ストレスに感じているネコが多いので要注意。**ネコとの関係がより親密になったことはよいのですが、ネコの習性をカン違いしている飼い主さんも多いのでは？　次に紹介する問題行動があるときは、ネコの習性を理解することが、解決の糸口といえます。

【尿スプレー】　心の不安をとり除くには、この方法！

発情や縄張り行動の他、心の不安から尿スプレーをする場合もあります。

対処法としては、室内飼育なら去勢・不妊手術をするのが基本です。トイレだけでスプレーする場合は、屋根つきタイプのトイレに変えてみて。心の不安を取りのぞくには、①毎日のスキンシップを長めにとる、②同居動物と折り合いが悪いときは、生活スペースを分ける、③ノラネコが敷地内に入らないようにするなどの方法もあります。また、獣医さんで薬を処方してもらったり、ネコフェロモンの噴霧器で尿スプレーを予防する方法もあります。

そうした場所は消臭剤や漂白剤を使ってそうじし、臭いを残さないようにしましょう。

【不適切な排泄】トイレ以外でオシッコやウンチをしてしまうときは？

膀胱炎や尿石症、糖尿病、腎疾患、甲状腺機能亢進症《こうしんしょう》、便秘や下痢など病気が原因の場合があります。何度も繰り返す場合は、獣医さんを受診しましょう。

トイレが気に入らなくてそうする場合も。そんなときは、①トイレをこまめに掃除して清潔に保つ、②トイレ砂の材質を変えた場合はもとに戻す、③ネコが落ち着くところに置くなどの対処を。

また、多頭飼育の場合も、トイレはネコ1匹につき1個が基本です。飼い主の気をひこうとしている場合もあるので、スキンシップを長めにして不安を取り除いてあげましょう。

そうした場所の臭いは消臭剤や漂白剤で消します。同じところで排泄する習性があるので、排泄して欲しくない場所には物をおいて予防を。

トイレ以外で穴を掘る仕草などを見かけたら、音を立てるなどして気をそらせ、トイレに連れて行きます。うまくできたらほめ、そそうしても叱らないことが大切。新しいトイレを使いたがらないときは、尿の臭いのついた砂を置くなどして、根気よく取り組んで。

【異食症】 布やビニールなど、異物を食べさせない工夫は？

原因は、①早期の離乳や飢餓など子ネコ時代の経験、②ストレス、③寄生虫や栄養障害、貧血、遺伝性の病気など。腸に詰まると開腹手術の必要があるので、やめさせます。

まずは布やビニールを極力片付けるなどして予防を。ネコの様子を見られないときは、ケージに入れます。異食を見かけたら音を立てるなどしてやめさせ、やめたらほめます。

また、なるべくストレスを感じさせないようにする、愛情をたっぷり注ぐなどして心を安定させることも大切。栄養不足の可能性も考えられるので、フードを品質の良いものに変えたり、日光浴をさせてビタミンDの生成を促すのも有効です。

【常同行動】 同じしぐさをし続けるときは、どうしたらいい？

同じ行動をし続ける原因は、心の不安や欲求不満、知覚過敏症などが考えられます。毛が抜けるほど体を舐め続けるなどの場合は、獣医師のもとで薬物治療や、エリザベスカラーをつけるなどの対処を。また、ストレスの発生要因を探して、不安の原因を取り除くことも大切です。庭にノラネコが来ている場合は、入れないように工夫しましょう。

[攻撃行動] 人間を威嚇する、噛む、ひっかくなどするときは？

甘やかされて「自分は人間よりえらい」と思い込んでいる場合は、ネコが頭や顔をすりつけてきても、1～2回にとどめ、それ以上やらせないこと。攻撃しそうになったら、笛などで音を鳴らしたり、ヒザにいるときは床に下ろすなどして思い通りにさせないことです。

飼い主に恐怖を感じている場合は、ケージに隔離する、入院させるなどして違う空間で過ごし、心を落ち着かせて。ネコに恐怖を与えた体験を分析し二度としないよう心がけます。

体に痛みがあって攻撃してくる場合も。おかしいと思ったら動物病院へ。飼育環境を見直して縄張り行動をしないようにする、興奮させる遊びはしないなどの対処も有効です。興奮して強くかんだときは、「痛い！」と声をあげ、遊びを中止します。叱ること、体罰は逆効果。ネコの行動パターンを記録し、先手をとって攻撃しないように仕組むことです。不妊・去勢手術や爪の除去、犬歯の切除が必要な場合もあります。

ストレスと健康のために…やってあげたいネコ様エステ

爪切りやシャンプーなどエステ関係は、なるべく子ネコ時代から慣らしておき、「これをしてもらうと気持ちいい」「ごほうびがもらえる」などの条件づけをしておきましょう。大人ネコでも、根気よくやさしく接することで慣らすことは可能です。

ブラッシング

エステ関係のうち、ネコに受け入れられやすいのがブラッシング。ネコにとって気持ちがいいものですから、ムチャをしない限り、特にイヤがられることはないでしょう。

長毛種のネコの場合は1日に数回、短毛種の場合は数日に1回ブラッシングを。やりすぎて悪いことはないので、ネコが望むなら何回でもやってあげます。短毛種のネコでも、春と秋には、大量の毛が抜けるので、1日数回ブラッシングします。**ブラッシングには、「抜け毛で部屋が毛だらけになるのを防ぐ」という重要な目的もあります。**

爪切り

爪切りは、まだ**爪の出し入れができない子ネコ時代は必須。**出たままの爪は子ネコ自身や兄弟ネコなどを傷つけます。大人ネコの場合、家具などを傷つけられるのがイヤなら爪切りを。外出するネコは、爪は重要な武器であるため、絶対に切ってはいけません。

爪切りの際に気をつけなければいけないのは、深爪を避けること。切るのは血の通っていない先端2ミリ程度のところまでに。寝ているときだとラクに切ることができます。

シャンプー

長毛種の場合は最低でも1か月に1回ぐらいの割合で定期的に。短毛種では、あまりシャンプーすると体の脂肪分が洗い落とされてしまい、毛皮がパサパサになってしまうおそれがありますから、ノミが発生したときぐらいでいいでしょう。また、妊娠中や病気のときなどのお風呂、シャンプーは厳禁です。せいぜい蒸しタオルで体をふいてやるぐらいにしましょう。

耳掃除

耳の中が汚れていたら、オリーブオイルなどをつけた綿棒などでふきとってください。ただし、耳を保護している粘液を取ることになるので、頻繁な耳掃除は避けたほうが無難です。**見える範囲のみを掃除します。**耳をかゆがっているときは、早めに動物病院へ。

その他

目の周りがジクジクしているときは、お湯に浸したガーゼなどでふきとります。歯石の予防は、1日1回ガーゼを指に巻いて歯磨きをしてやるのがよいのですが、ネコが嫌がるならちょっとムリ。歯石の除去については、動物病院に相談しましょう。

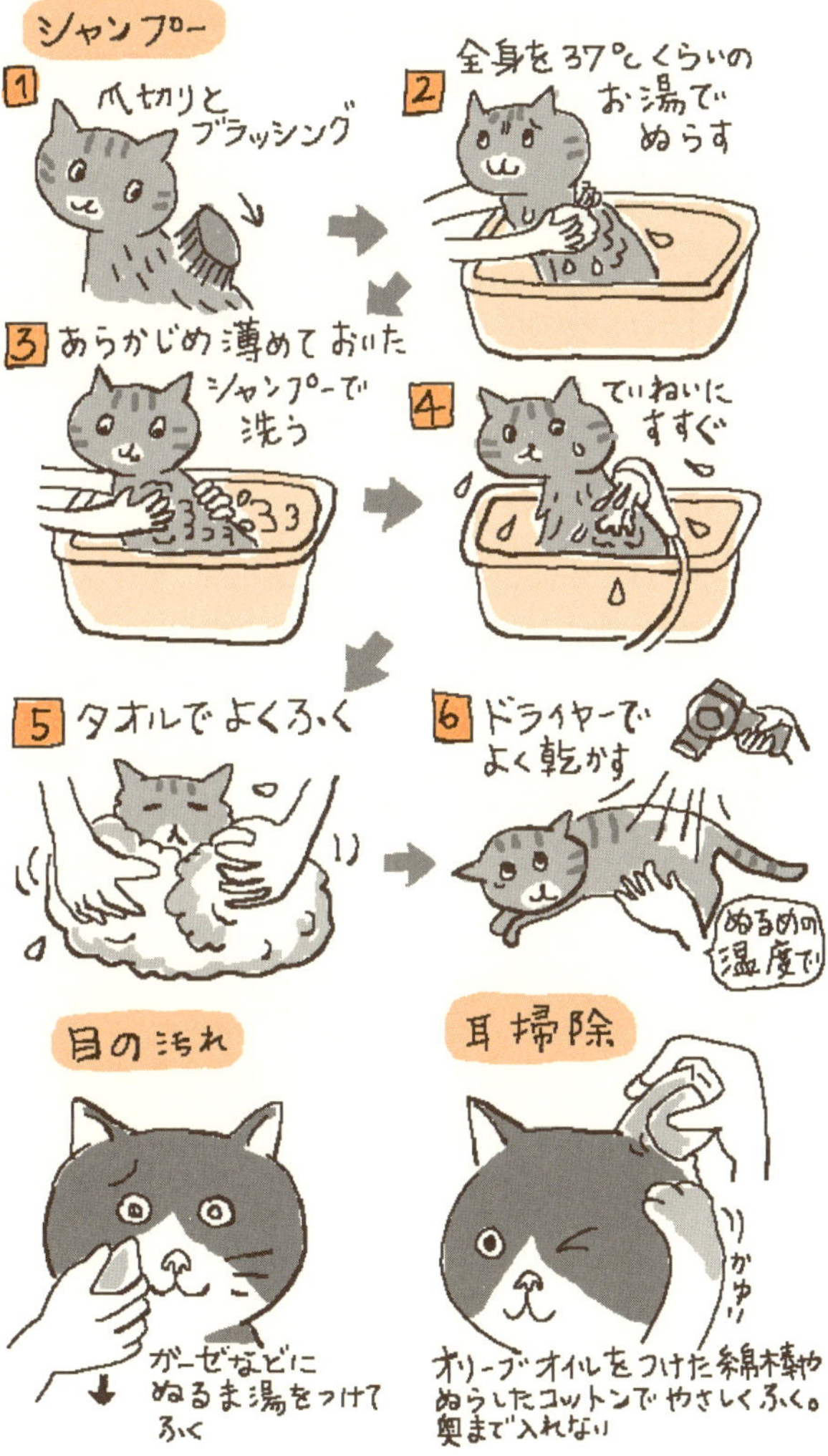
シャンプー
1 爪切りとブラッシング
2 全身を37℃くらいのお湯でぬらす
3 あらかじめ薄めておいたシャンプーで洗う
4 ていねいにすすぐ
5 タオルでよくふく
6 ドライヤーでよく乾かす
ぬるめの温度で
目の汚れ
ガーゼなどにぬるま湯をつけてふく
耳掃除
かゆ!!
オリーブオイルをつけた綿棒やぬらしたコットンでやさしくふく。奥まで入れない

シニアから老ネコまで喜ぶ簡単マッサージ

ネコにマッサージをすることも、最近では普通になってきました。マッサージといっても、決して大げさなものではありません。もともとネコはなでられるのが大好き。あなたも愛ネコを毎日何度もなでてあげているはずです。マッサージはあくまでもその延長にすぎません。大人ネコから老ネコまで、ぜひやってあげましょう。

まずは、愛ネコがなでられて喜ぶ場所をやさしくなでる。あるいは軽くもむような感じで。ネコによってお腹やシッポはイヤがるコもいます。そういうときは無理に触らず、あくまでネコが好きな場所だけを、5〜10分かけて顔から体、足や尻尾の先へとなでていってあげてください。ネコがゴロゴロとのどを鳴らしてうっとりしているようなら体にも心にもよい人間とのスキンシップとなります。

なでられることに慣れたネコならば、背中（背骨のあたり）をひっかくように指先をクシのようにして軽く動かしたり、首の後ろやお腹など皮がたぷたぷしているところをつま

ネコのツボ

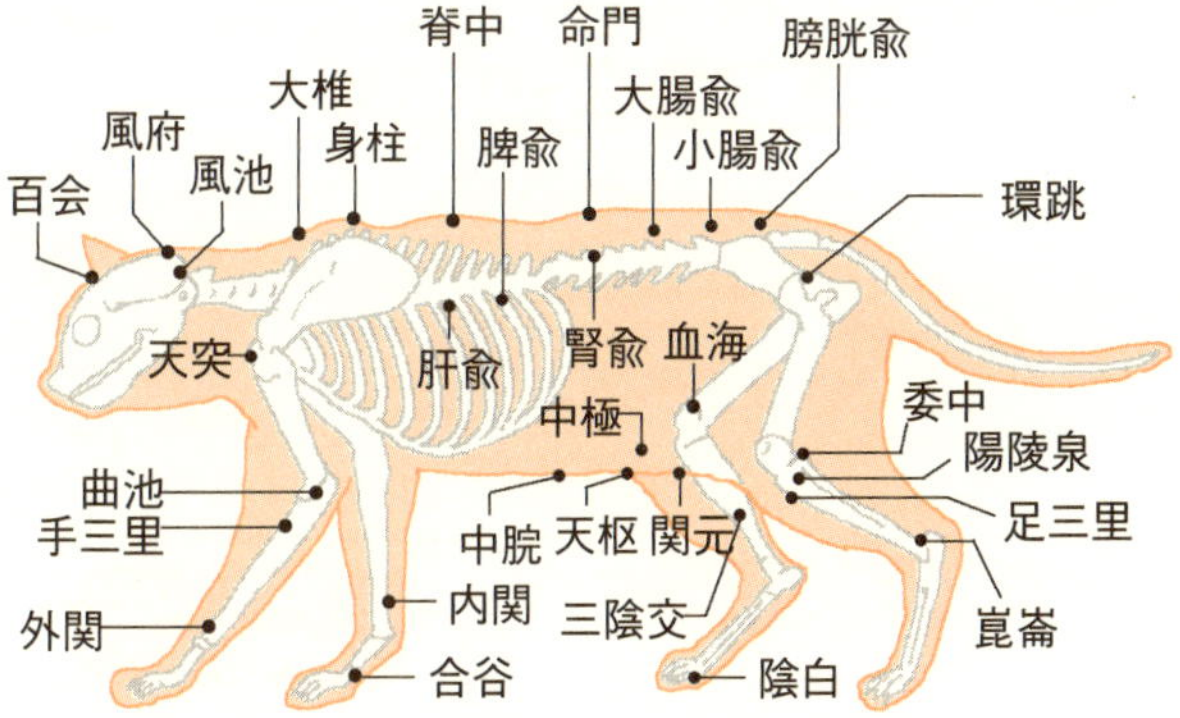

脊中
命門
膀胱兪
大椎
大腸兪
風府
身柱
脾兪
小腸兪
百会
風池
環跳
天突
肝兪
腎兪
血海
中極
委中
陽陵泉
曲池
手三里
中脘
天枢
関元
足三里
外関
内関
三陰交
崑崙
合谷
陰白

んであげたり変化をつけても喜ばれます。

また、上のイラストのようにネコにも人間と同じようにツボがあります。

ツボにはそれぞれそこを刺激することによる効能があり、ネコの日頃の体調や健康によってはツボをマッサージすることで効果が期待できるでしょう。ただし、ネコがいやがるようなマッサージはストレスになって逆に健康を害することになるので、絶対に無理じいはしないこと。

マッサージではなく、ツボの部分を暖かいタオルで温湿布をしたりすることも効果的です。ツボを冷やすことはネコの健康にもよくないので、マッサージをするときは、ぜひ温かい手でお願いします。

こんな症状のときどうしよう？

オススメ・マッサージ

膀胱炎・おしっこが近い

中極を中心に円を描くようにマッサージ。温湿布やお灸もOK！

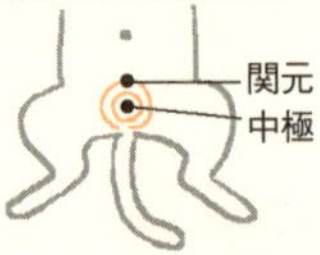

関元
中極

百会と大椎を軽く指圧。ゆっくり背中を下がり命門、腎兪のまわりを円を描くようにマッサージ

百会
大椎
命門
腎兪

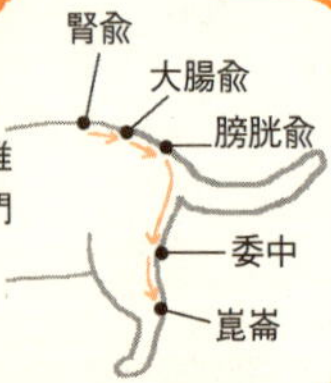

腎兪
大腸兪
膀胱兪
委中
崑崙

便秘・便が固い

ヘソを中心にやさしくマッサージ。

中脘
天枢

やさしくマッサージ!

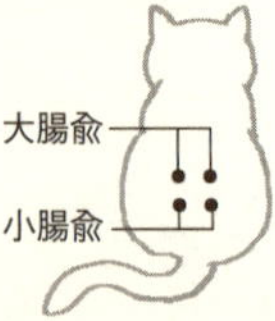

大腸兪
小腸兪

下痢・便が柔らかい

ヘソを中心にやさしく左回りにマッサージ

中脘
天枢

腰痛・下半身が沈んでいる

首の付け根からシッポの先までゆっくりなでる。

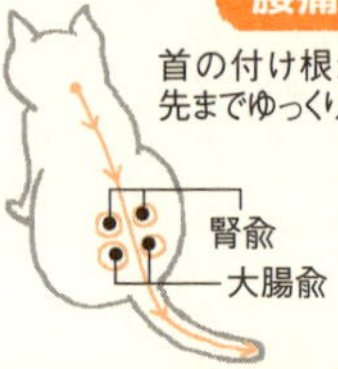

腎兪
大腸兪

腎兪と大腸兪は円を描くようにマッサージ。

痛みが強いときは腰に触らず、委中を意識して後ろ足をマッサージ。

委中

食欲不振

前足のつま先から合谷、手の内側を上がって、手三里、曲池をやさしくなでる。

曲池
手三里
合谷

三陰交をやさしくマッサージ。

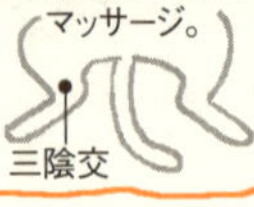

三陰交

口内炎・歯肉炎

やさしくマッサージ。

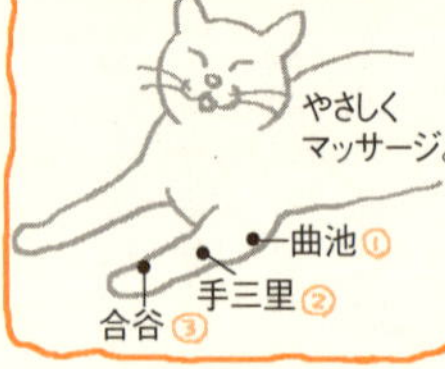

曲池①
手三里②
合谷③

不妊&去勢…知っておきたい「準備」と「その後」

みなさんと暮らすネコはオスでしょうか、メスでしょうか。ネコを飼い始めるときに、どっちがいいか迷う人もいるでしょう。結論からいえば、どちらでも好きな方でいいのです。92ページで紹介したように、基本的に、いわゆる「ネコらしい」性格が強いのはメス。メスネコには「したたかで気まぐれ」という形容詞がぴったり。それに対してオスネコは「おっとりしていて、わかりやすい」性格で、どちらかというとイヌに近いともいえます。もちろんネコによって性格はさまざまですから、一概にはいいきれません。あくまで、どちらにするか迷ったときの目安と考えてください。

そして、ネコを飼う以上、さけて通れないのが不妊・去勢手術の問題です。たしかに子ネコはかわいいし、ウチのネコに子育てをさせたい、ウチのネコにも恋を楽しませてあげたいという気持ちはどんな飼い主にだってあるでしょう。

しかし、現実問題として年に3～12頭ずつ生まれてくる子ネコをすべて養うだけの余裕がある、すべての子ネコに里親を見つけてやれるという絶対の自信がない限り、やはり不妊・去勢手術を受けさせるのは飼い主の基本的なマナーです。

また、発情期のメスは絶対に外出させないとか、メスであればインプラント埋没法という、発情抑制剤を体に埋め込んで一定の期間（1回の処置で1年）、発情を抑える方法もありますが、これらがネコにとって不妊手術より好ましい方法かどうか疑問が残ります。

というのも**不妊・去勢手術によって、ネコが健康でいられるという一面もあるからです**。オスの場合、去勢手術をすることで性格が温和になる傾向が見られ、発情期特有の行動（尿をあちこちにかける、ケンカをする、メスを求めて遠出をして迷子になるなど）もなくなるので、他のオスネコとの無用なケンカ、それにともなうケガや病気感染の危険性が減少します。メスの場合も、発情期に大声で鳴く、落ち着きがなくなる、尿をかけるといった行動が減少します。

また、ネコには人間と同様に性に関する疾患があります。オスの場合は男性ホルモンによる前立腺肥大、メスの場合は乳腺の悪性腫瘍や子宮蓄膿症などで、不妊・去勢手術は、これらの病気を予防するという側面も持っています。

これらの利点をよく考えてみると、不妊・去勢手術を受けるということは、ネコにとっても人間にとっても幸せな選択ということでもあります。繁殖をさせる予定がないなら、手術を受ける道を選ぶのが、お互いのためにベストなのです。

では、手術はいつ頃受けるのがいいのでしょうか。

これにはふたつの考え方があります。ひとつは、オスなら最初の尿スプレー、メスならば初めての発情期を迎える前の生後5～6か月頃。この時期の手術で、尿のスプレー行動やメス特有の性疾患を予防してしまうという考えです。もうひとつは、体格的にも性格的にも十分に成長してからの生後7か月すぎ。オスの場合は尿スプレーが始まったらすぐ、メスは初めての発情があった後が、だいたいこの時期にあたります。どちらの時期を選ぶかは、よく考えた上でホームドクターの先生と相談して決めてください。

また、手術をしたネコの飼い主さんに知っておいてほしいことがあります。**手術を受けたネコはオス、メスともに性ホルモンのバランスが崩れることで運動量（外出の減少など）が減ったり、食欲が増すなどが原因で太りやすくなるということです。**食事の管理をすれば肥満は防げますから、上手に健康管理をしてあげてください（P122参照）。また、ホルモンの影響を受けることで、皮膚に疾患が起こることもあります。毎日のブラッシングのときなどに、異常がないかよく注意してあげましょう。

離婚のとき、ネコの親権はどうなる？

夫婦、そして家族のアイドルはネコ。こんな家庭も少なくないはずです。そのまま一家だんらんが続くことがネコを含めたみんなの幸せなのですが……。

しかし、人生、世の中いろいろです。不幸にも夫婦が離婚、一家はバラバラにという事態になったとき、愛ネコの運命はどうなってしまうのでしょう？

人間の子どもであれば、夫婦の離婚の際の扱いは法律にくわしく定められています。しかし、ネコなどのペットの場合は、問題がややこしくなりがちです。

ネコ（もちろんイヌなどほかのペットも）は「家族の一員」であることは確かなのですが、法律的には無情にも「モノ」。扱いとしてはクルマや家具のような家財道具なのです。

ここがややこしいのですが、離婚することになった夫婦のどちらもがネコを愛して引き取りたいと思う場合、人間の気持ちとしては法律には子どもと同じような判断を期待するのですが、法律のほうはあくまで「モノ」としての扱い。

クルマなどと同じように、どちらかが独身時代からそのネコを飼っていて、結婚後にふたりで育てていたなら、基本的にもとから飼っていたほうの「モノ」なのです。

夫婦が結婚した後に飼いはじめたネコであるならば「共有財産」という扱い。離婚の際にふたりの間でどちらが引き取るかという話し合いがつかない場合は、次のような点でどちらが引き取るかが法律的に判断されることが多いようです。

- **ふだん、エサやりやトイレの掃除などをどちらが主に行っていたか。**
- **夫婦ふたりのうち、離婚後の住環境がペット飼育可であるかどうか。**
- **今後、ネコを飼い続けることが可能な充分な収入があるかどうか（フードや医療費など）。**

この法律的な判断の際には、ネコが夫婦のうちどちらによりなついていたか、どちらがより愛情を持っていたかなど情緒的な部分はあまり考慮されないのでご注意を。

もし夫婦の仲が危機となったとき、最終的に決裂する前に、どちらが引き取るほうがネコの幸せにつながるかを、夫婦ふたりで冷静にじっくりと話し合うことをおすすめします。そして、離婚を機にネコを保健所に持ち込むなどという飼い主さんに決してならないように、最後まで責任を持って飼い続けてください。

※参考「弁護士ドットコム LIFE」 https://c3.bengo4.com/li_86/

「しまネコ」を家族に迎えるという選択

2011年に世界自然遺産登録された東京都の小笠原諸島。この登録がいま島で暮らすネコたちに大きな影響を与えています。

というのも、小笠原諸島には他の地域にはいない貴重なめずらしい動物や鳥などがたくさんいて、それを島のノラネコたちが襲って食べていることが問題視されたのです。

島のノラネコたちは、本来みな人間が本土から持ち込んだ飼いネコがノラになったその子孫。ネコたちは生きるためにアカガシラカラスバトやオガサワラオオコウモリなどの希少種を捕食しているだけで罪はないのですが、希少種の保護も大切なこと。

そのため、東京獣医師会がいま、野生化した小笠原諸島のネコを捕獲・保護し、本土に連れ帰って里親を見つけようという運動をしています。通称「しまネコの引っ越し大作戦」です。

すでに多くの小笠原の野生ネコたちが保護ネコとして本土の新しい家族に迎え入れられています。

新しいネコを迎えようと思ったとき、小笠原から来て家族を待っている保護ネコたちのことも思いだしてあげてください。

第4章

「楽しかったにゃ！」と喜ばれる一生をおくってもらうためにできること

年寄り&おデブ
のりたまの災難
のりたま
13歳 ♂
おっとり
甘えん坊
しょうがないねぇ じゃニャ〜
ず————っと
ダイエット中
なのだが
ず————っと
効果出ず・・・
若い頃ののりたまは アスリートみたいで かっこよかったのにねぇ〜!
昔のことですニャ!
あれ? どこいくの〜
よっこらニャット!
?
最近ボケたふりをして、
ごはんを要求する
技を身につけたのだ
さっき 食べたばっかり でしょ!
ゴマちゃんに
遊びの標的にされ
ストレスが
たまっている
せいもあるのか?
ワーイ! ワーイ!
ワーイ!
た〜すけて〜
う〜ん
心配・・・

ある日、やけにトイレに行くので覗いてみると・・・・
ギャーッ
血尿！
トン
まてっ！
あ・・・・
おデブは逃げ足が遅いので捕獲ＯＫ
病院ではいつも借りてきたネコ状態
Hospital
うーん
膀胱炎だねぇ〜 13才だから腎臓に気をつけてね
お薬が出た
のりたまは薬を飲んだふりがうまい
のんだニャ
しばらくすると…
ペッ
今回は、カンペキに飲んでもらうから！のどの奥までつっこんで…
オエッ！
だって長生きして欲しいんだもん！
ごめんね のりたま！
どうしたニャ？
どうしたニャ？

ガマン強いネコだから、気づいてあげたい病気のサイン

ネコは具合が悪くても、言葉で伝えることができません。

私たちにわかることは、「いつもとちがう」「なにか様子がおかしい」など、ネコの態度に変化が表れたときだけ。

しかも、**ネコは具合が悪くてもなかなかそれを態度に表さない動物です。**これはネコだけではありませんが、野生で生活する動物は、ちょっとでも具合の悪さを示すことは、死につながります。ですから、ギリギリまでガマンしてしまうのです。

ということは、私たちが「なんかおかしい」と気づいたときは、すでにかなり具合が悪くなっている可能性が大。

ネコも人間と同様に早期発見、早期治療が重要です。日ごろからネコをよく観察して、少しでもいつもと様子がちがうときは、なるべく早く動物病院へ連れていくことが大切です。ネコは自分で病院へ行ったり、薬を飲んだりすることはできません。ネコの健康はあ

なたにかかっていると思ってください。

そして、ぜひ、健康なときからネコのホームドクターを決めておきましょう。ふだんからあなたのネコについてよく知っている先生なら、異常にもすぐに気がついてくれるはず。また、ちょっと気になることがあるときにも、気軽に相談できます。定期的に健康診断を受けておくと、さらに安心ですね。

具合が悪くて動物病院を訪れる際は、「ここがこのようにおかしい」など、いつもの様子や症状をあなたが具体的に説明できれば、獣医さんの診察も効率がよくなります。ふだんからあなたのネコをよく観察し、**次ページにある基本データや健康チェックをマメにノートなどにつけておくと便利です。**

病気に対する最大の防御は早期発見、早期治療です。「そのうち治るだろう」などと油断をすると、命にかかわることが少なくありません。常にネコの健康に気を配り、ちょっとでも様子がおかしいときは、すぐに診察を受けることが大切です。

動物病院に電話で相談をする場合は、用件はできるだけ手短に済ませてください。電話だけでは適切な指導ができないことが多いですし、病院には診察を待っている動物たちがいます。なるべく直接来院して、相談するようにしましょう。

ネコの基本データ

脈拍

120〜160回／分
股の付け根に手をあてて測る。
2回測って平均を出せばより正確。

じゃまにゃー

呼吸

15〜20回／分
鼻の前に手をかざすか、
胸の動きを見て数える。

体温

38.0〜39.0度
肛門に市販の電子体温計を
入れて測定。

体重

増えたねー
にゃー
ネコといっしょに測って、
自分の体重を引けばかんたん

ネコの種類や性別によってちがうので、
ふだんから自分のネコの体重を知っておこう。

こんな症状はありませんか？

毎日の健康チェックを忘れずに！

食事

- 食欲が落ちた
- 食欲がない、吐く
- 食べているのにやせてきた
- 飲水量が増えた

オシッコ

- オシッコの色が赤い
- 回数が多い
- オシッコが出ない
- オシッコの量が多い
- するとき痛がる、つらそうにする

ウンチ

- 下痢
- 便秘
- ウンチに血が混ざる

動作

- だるそう
- 動きが不自然
- じっとしている
- 人前に出てこない
- 高いところに登らなくなった
- いつもより眠ってばかりいる

防げる病気もある！ ワクチン接種はこの時期に

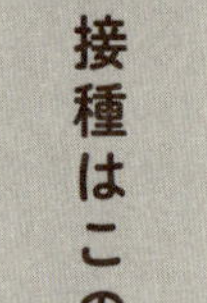

病気になってからのケアも大切ですが、それ以上に病気の予防も重要です。とくに外へ自由に散歩に行くネコは、他のネコから病気を移されることも珍しくありませんし、室内飼いでも、飼い主がほかのネコをなでたりして、そこから感染することも。ワクチンで予防できる病気を次にあげましたので、かならず接種するようにしてください。

ネコにおける代表的なウイルス性伝染病は次のとおりです。

ネコウイルス性鼻気管炎《びきかんえん》／ネコカリシウイルス感染症／ネコ汎白血球《はんはっけっきゅう》減少症（ネコパルボ）／ネコ白血病ウイルス感染症／ネコ免疫不全ウイルス感染症（ネコエイズ）

これらの病気はどれも、ネコにとって致命的なものばかりです。しかし、ワクチンで予防できます。このうち最初の3つはネコ3種混合ワクチンとして普及しています。**白血病ウイルス感染症、ネコ免疫不全ウイルス感染症のワクチンは、外に出てノラネコと接触する機会のあるネコは受けることをおすすめします。**

ワクチンは、その種類やネコの年齢によっていくつかの接種プログラムがあります。

子ネコの場合

3種混合ワクチンを生後8週齢、12週齢と計2回接種し、その後は1年に1回の追加接種を。ネコ白血病ワクチンは3種混合ワクチンに追加して同じタイミングで受けることができます。ネコ免疫不全ウイルス感染症のワクチンは別射ちです。

大人ネコの場合

3種混合ワクチンを初めて接種するなら、3～4週間の間隔をあけて2回。その後年1回の追加接種を。過去に接種したことがあれば1年に1回の追加接種を。ネコ白血病ワクチンを大人ネコに接種する際は、まず白血病ウイルスと免疫不全ウイルスの検査を受けましょう。大人ネコは、すでにこれらのウイルスに感染している可能性もあり、結果が陽性の場合、残念ながらワクチンの効果はありません（発症を抑える治療をすることになります）。ウイルス検査が陰性ならば3～4週間の間隔をあけて2回接種します。

いざというときのお金…
用意するなら貯金？ 保険？

かわいいネコが病気になったとき、まず頼りになるのは獣医の先生です。しかし、ネコをはじめとしたペットの医療費は人間のような保険がきかないし、病気やケガの具合によっては、飼い主に大きな金銭的負担がのしかかってきます。

そうしたときに安心なのはペット保険。ネコの種類や年齢によりますが、月々数千円程度の掛け金で、万一の場合のネコの医療費の何割かをカバーしてくれるというもの。加入する場合は保険会社やプランによって月々の掛け金や保証の範囲、自己負担額が変わってくるので、愛ネコの健康・体調の特徴を考えてプランを検討してください。

ただし、ほとんどのペット保険は掛け捨て型なので、加入期間中に一度も病気をしなくても掛け金は戻りません。なので、ペット保険に入ったつもりで、万一のネコの病気のために毎月それなりの金額を積み立てて預金しておくという飼い主さんもいます。定期的に確実に積み立てられる意思が強い人ならば、この方法もおすすめです。

意外と苦しい…ノミを寄せつけないヒント

ネコと暮らす上でやっかいなのが、ノミの問題。「ノミがついたかな？」と思ったときは、次の方法でさっそく調べてみましょう。

広げた新聞紙の上にネコをのせ、体のゴミをていねいにはらい落としてください。そのゴミを洗面器などにはった水に落としてみて。そのとき、赤く溶けるゴミがあったら、悲しいことにあなたのネコにノミが寄生している証拠。ノミのフンに混ざった赤血球が赤く染めているのです。

ノミは1日に自分の体重の10倍以上の血液を吸血します。ですから、大量に寄生されると、ネコはかゆい上に貧血状態に。また、ノミの唾液によるアレルギー性皮膚炎が起きたり、瓜実条虫《うりざねじょうちゅう》という寄生虫を媒介されたりと、百害あって一利なし。すぐに徹底的な駆除が必要です。

まず、獣医さんへの相談が第一歩。動物病院では、経口予防薬、滴下式《てきかしき》駆除剤、ムースやスプレーなどの噴霧式駆除剤、予防・駆除効果のある首輪、専用シャンプーなど、さまざまな対策薬、グッズを用意しています。これらでネコの体についたノミを退治してしまいましょう。

しかし、ネコについたノミをいくら駆除したところで、卵や幼虫、さなぎが部屋にいるはず。メスノミは1日10個以上産卵し、その数は一生涯でなんと1000個以上。ノミは成虫になってからネコに寄生するので、これらの卵や幼虫、さなぎを駆除しないと、いっこうにノミは減りません。ノミの巣窟となっている可能性が大である家の中を徹底的に環境改善し、ノミを根本から根絶することが重要です。

まず、毎日、掃除機をかけること。カーペットや畳に潜伏しているノミの卵、幼虫、さなぎを、幼虫のエサとなるホコリごと駆除します。部屋の隅や、家具の隙間なども徹底的に掃除機をかけてください。さらに、エアコンのドライや換気などで室内の湿気を下げるのも大事です。ノミは高温多湿を好みますから、我が家をノミが生息しにくい環境にしてしまうわけです。そして、洗えるものは洗い、干せるものは天日に干しましょう。

ノミとの戦いは不屈の闘志で根気よく。「ネコにつくノミは人間にはつかない」というのは迷信で、ノミは人間の血を吸うこともあります。ノミに油断は禁物です。

こんなときは要注意
・かゆがってしきりに体をかく
・体や毛をかぷかぷする
・ネコの毛に黒い小さなノミのフンがある
ノミ対策
・首すじに滴下薬をたらす
・まめに掃除機をかけ、ネコ用ベッドやタオルをよく洗う
・ノミとりコームでよくとかす
しっぽのつけ根にノミがつきやすい
・ノミとり用シャンプーで洗う
頭から下に向かって洗うのがコツ

リラックスした日々を過ごしてもらうアロマのススメ

ネコにアロマ、というとびっくりする方もいるでしょう。

でも、ネコの日々の様子をよく観察してみてください。ネコはいつもなにかくんくん匂いを嗅いでいます。イヌほどではありませんが、ネコの嗅覚は人間の数万~数十万倍あるというほどのすぐれものなのです。

そんなネコは、当然、好きな匂いを嗅げばリラックスします。アロマというイメージとはちょっとちがいますが、マタタビの匂いでうっとりと恍惚状態になるネコの様子を見れば、ネコにとって匂いがいかに重要かよくわかるでしょう。よくキウイの木の周りでネコたちが集会を開いているのも、キウイがマタタビ科の木でその匂いに釣られてネコが集まってくるからです。

また、**アロマの種類によってはネコをリラックスさせるだけでなく、抗菌や消臭効果があったり、虫よけの効能があったりと思わぬ利点も。**

◆ネコにおすすめの精油

抗菌・消臭効果
ユーカリ、ラベンダー、ペパーミント、サイプレス、ローズウッド、フランキンセンス、サンダルウッド、シダーウッド、ジュニパーなど

虫よけ効果
ユーカリ、ゼラニウムなど

ストレスをやわらげる
ラベンダー、ローマンカモミール、ローズなど

荒々しい性質を抑える
カモミール、イランイラン、サンダルウッドなど

反面、ネコが苦手な柑橘系のアロマや、嫌いなだけでなくネコの健康を害するティーツリーやクローブ、シナモンなどには要注意です。身体に影響のないアロマでも精油をそのまま使うのではなく、天然水で希釈してアロマスプレーとして使用することをおすすめします。

ユーカリ、ラベンダーなど消臭効果があるアロマのスプレーは、ネコトイレの掃除のときに使用してもよいでしょう。

ユーカリ、ゼラニウムなど、虫よけの効果のあるアロマスプレーは、玄関付近や窓のあたりなど蚊の侵入ポイントに散布するほか、身につけている首輪にもかけてあげてください。

「尿マーキング」してしまうコが訴えたいこと

オスネコを飼う人にとって、いちばん頭を悩ませる問題は、尿のマーキング（尿をあちこちにかけまくる）の問題でしょう。去勢手術を受けていないオスネコにとっては、尿のマーキングはごく正常な行動。オスネコは自分の尿の匂いをかぐと安心感をおぼえると同時に、尿の匂いによって近所に住むネコに対して存在感をアピールしているのです。そう、尿のマーキングは自分のテリトリーを主張する行為なのです。そして、マーキング行動はオスネコだけではなく、まれにメスネコにも見られます。

オスネコ、とくに単独で暮らすオスネコにとっては、家の中全部が自分の縄張りですから、あちこちに尿をかけないと満足できません。「ここはオレのテリトリーにゃ！」と、世界中に向けて宣言したくなるのがオスの性。

で、これを防ぐには去勢手術がいちばんの方法です。オスネコが尿のマーキングを始める前に手術をすれば、90％以上は防ぐことができるといわれます。マーキング行動を始めた後でも、去勢手術によって80％のネコでマーキング行動の激減が確認され、残りの10％も減少傾向が見られたというデータがあるのです。また、女性ホルモンを使った治療法もあるのですが、こちらは30％程度しか効き目がないといわれています。ですから、いちばんの対処法は去勢手術になるわけです。

ところで、「うちの子はすでに去勢している」「メスなのに！」という場合でも、尿のマーキングが急に始まる場合があります。こういうときは、まずネコの環境を見直してみましょう。**ネコはストレスを感じたときに、尿のマーキングをすることがあります。**たとえば、トイレは静かな場所に設置し、ちゃんと掃除していますか？　他にも、新しい動物や家族が増えたり、引越しした場合にも、ネコはストレスを感じます。このような原因が考えられるときは、84ページや96ページを参考に、原因を解消する努力をしてください。また、尿の問題が生じたときは、決して怒ってはいけません。叱っても、飼い主への不信感から悪化するのがオチ。愛情をもって接することが解決への近道です。

そして、これらの原因が見当たらないときは、病気の兆候である可能性も大です。**オシッコが出にくい、オシッコすると痛いなど病気のときも、ネコは部屋に尿をかけます。**ですから、尿マーキングがあるときは、まず動物病院に相談することが大切です。

食欲減退…でも、しっかり食べてもらうためのコツ

ネコも加齢とともに、人間と同様にそれほど食欲が盛んでなくなることもあります。これまた人間と同じく、暑い時期には夏バテ気味になり「なにも食べたくにゃ〜い」ということも。食欲不振があるときは、病気の可能性があります。できるだけ早くかかりつけの獣医さんの診察を受けましょう。その上で、食欲を増進させる方法を試してみてください。

食欲が低下しているときは、嗅覚が低下している場合もあります。

ウェットフードの場合は、冷たいと香り（匂い）が少ないので、常温よりも少しあたためてあげましょう。香りが強くなっただけで食べるようになることもあります。

また、いつものドライフードは、ぬるま湯でふやかしてあげると、香りが強くなるだけでなく、やわらかくなり、老ネコや病気のネコにも食べやすくなります。ドライフードをあげている飼い主さんは、トライしてみてください。

そして、**いつものフードを食べたがらないときの簡単な対処法に、トッピングがあります。**

塩分の少ないネコ用のかつおぶしや、鶏のささ身のフリーズドライ粉末など、フードのトッピング用の食材がいくつも市販されています。マタタビも有効です。人間用のかつおぶしを使う場合は、だしをとったあとのものがおすすめ。塩分も抜けているし、水分でふやけて、シニアネコでも食べやすい状態になっています。だしをとった後の煮干しなども同様です。鶏のささみが好きなコには、ゆでてさいたものをトッピングするとよいでしょう。

また、**シニアネコの場合は歯の状態が悪くなってフードを食べたくない気持ちになっていることもよくあります。**歯石をとったり、歯を抜くなどの対応が必要な場合は、獣医さんと相談してください。そして、歯が弱ってきたネコや病気のネコにおすすめなのが、水分が多いフードです。最近はレトルトパックや缶のウエットフードで、水分が多いもの、シチューやジェル状になっているタイプがあり、シニアネコにも人気です。

市販のキャットフードではなく、手づくり系のフードを多めに与える場合は、ネコに必要な栄養分をよく調べて、栄養が偏らないように注意しましょう。たとえばネコにとって必須のタウリンという栄養が不足すると、ネコの心臓にダメージを与えることも。逆にネコに必要以上の塩分を含んだ食事（人間にとってちょうどいい塩加減ぐらい）を与えると腎臓その他の内臓に大きな負担がかかります。くれぐれも注意しましょう。

老ネコさんのココロとカラダ…変化に気づいてしっかりサポート

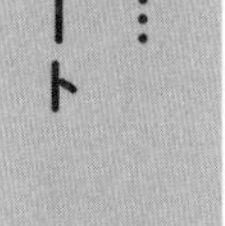

シニア期を過ぎ、12～13歳を超えた頃から、老ネコ期に入ります。人間でいうと、70代に入ったと思ってください。**老ネコ期のネコは、カラダもココロもそれまでとは変化しています。**そして、それは悲しいことに下り坂になる一方で、ネコは最期のときに向かって日々を生きていくことに。できるだけ長生きできるように、あたたかくサポートしてください。

ネコの老化はまず体に現れます。あれほど生き生きとしてバネの効いた身体から、ハツラツさが失われ、それはとくにジャンプ能力の低下となってまず表に出てきます。

あれほど好きだった高い場所に、いつのまにか老ネコは行かなくなっています。正確にいうと行けなくなっているのです。

お気に入りの高い場所に登ろうと試みたジャンプが、5回に1回失敗するようになり、それが3回に1回失敗するようになると、ネコはだんだん臆病になります。ジャンプを失敗する度に、ネコのプライドは傷つき、やがてジャンプそのものを試みないように。

もし、**老ネコがジャンプに失敗するところを目撃しても、絶対に笑ったり、過剰に反応したりしないようにお願いします。ネコはもう充分に傷ついているので、心に追い討ちをかけないこと。見てみないふりをするか、「大丈夫だよ」とそっとなでてあげましょう。**

また、ネコ背がモットー（？）のネコですが、老化に伴って腰が曲がったり、腰痛を発症することも珍しくありません。立ったときも寝ているときと同じようなくの字の姿勢で、尻尾もぴんと立っていないようなら腰が悪くなったり、腰痛がある可能性もあります。こういう場合はジャンプだけでなく、ちょっとした段差を超えることも難しくなってきます。腰痛のネコにはマッサージ（Ｐ１４４参照）も効果的です。

さらに、気づかないうちに、視力が低下している老ネコも意外と多いようです。**ネコは空間認識力が高く勘がよいので、長年暮らしている場所であれば視力が完全になくなっていても、ぱっと見はふだん通りに生活しているように振る舞うこともあります。**

ネコの視力の障害は外見でわかる白内障よりも、老化による網膜《もうまく》剥離《はくり》による場合が多いので、ちょっとでもおかしいと思ったら獣医さんに診察してもらいましょう。

おもちゃをネコの気をひくように動かしてみて、おもちゃの動きをネコが目で追うかどうかも、視力チェックにつながります。

ネコだって、年をとったら「ラク」な部屋で暮らしたい

老ネコは、心はまだまだ若いつもりでも、カラダの衰えは隠せなくなってきています。これまで軽々できていたことが、いつの間にかできなくなっていたり、失敗することも。

こういうとき、ネコはとても傷ついています。心の傷は老ネコの活力も奪いがち。たとえ年をとっても、毎日を気楽にのびのびと心安らかに過ごしてもらいましょう。

そのために**飼い主に心がけてほしいのは、老ネコにカラダの衰えを感じさせない、日々の行動の失敗が少なくなる環境作り。**

ネコの毎日の行動をよく観察し、どうすれば衰えがちなカラダでもスムーズに移動し、ストレスなく生活できるかを工夫してください。

老化によりネコの身体能力がいちばんの衰えを見せるのはジャンプ力。若い頃はあれほど華麗なジャンプができていたネコが、もう高いところに登れなくなっています。

ネコのお気に入りの高い場所には、大小の箱などで段差をつけ、登りやすくしてあげま

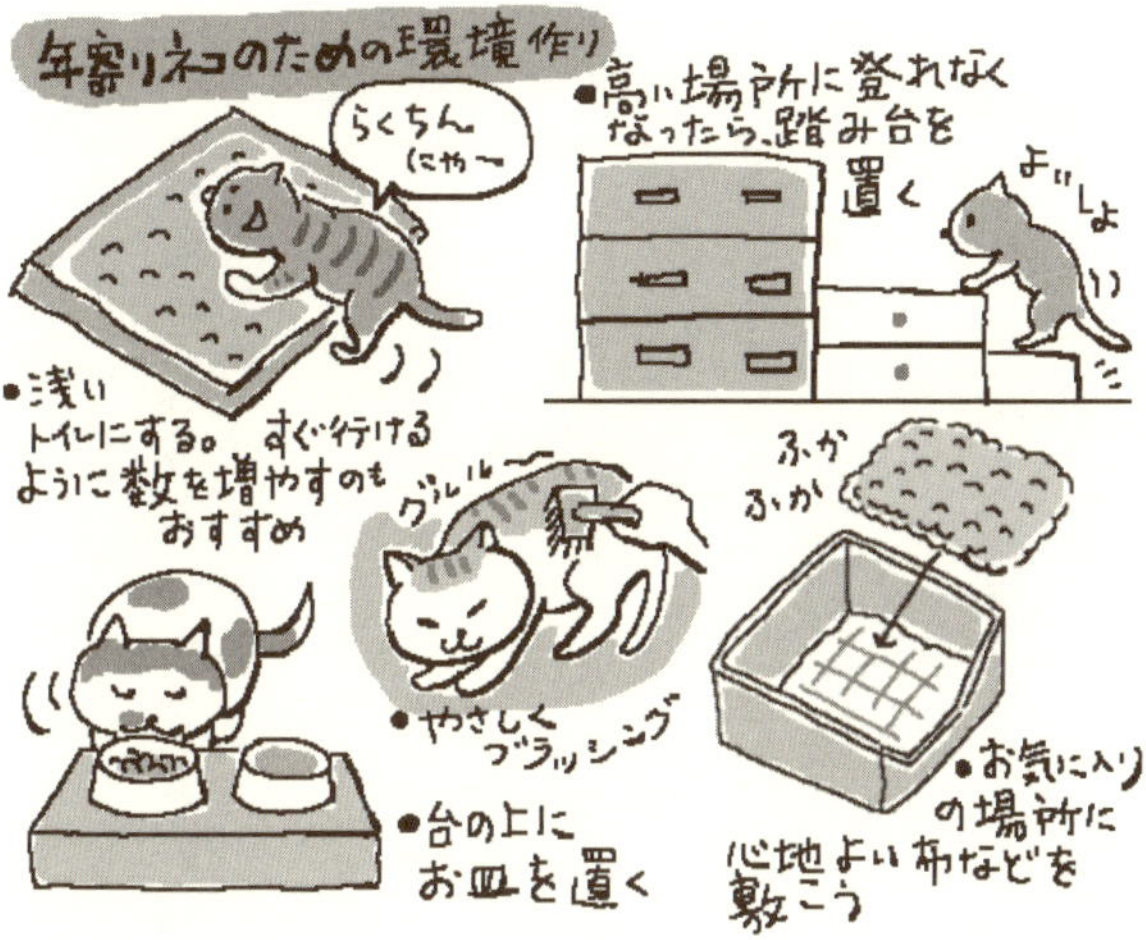
年寄りネコのための環境作り
らくちん にゃ〜
●浅いトイレにする。すぐ行けるように数を増やすのもおすすめ
●高い場所に登れなくなったら、踏み台を置く
よいしょ
ふかふか
グルル〜
●やさしくブラッシング
●台の上にお皿を置く
●お気に入りの場所に心地よい布などを敷こう

しょう。腰痛があるコには、エサを食べやすいようにエサ台を高くしてあげることも大切です。

また、老ネコは風邪をひきやすくなっています。若いとき以上に室温に気を配りましょう。ペット用のホットマットは春や秋なども設置してください。あたたかい段ボールハウスなども喜ばれます。

日向ぼっこができる場所に移動しやすくしてあげることも忘れずに。

そして、**年をとっても遊んであげましょう。**若い頃のように元気いっぱいには遊べませんが、ネコじゃらしやおもちゃを目で追うだけでも、脳が活性化してボケ防止になりますし、いい運動にもなります。

ゆっくり、やさしく。食事と暮らしの小さな気づかい

老ネコにとって、どんなエサがベストかというと、ずばり老ネコ専用フード。筋肉量と運動量が落ちてカロリー消費量が減っているため、若い頃のエサのままでは太りやすくなっています。人間と同じようにネコにとっても肥満は万病のもと。老ネコ用フードは、低カロリーで老ネコに必要なたんぱく質などの栄養が配合されているので安心です。

咀嚼《そしゃく》する力が弱っていることも多いので、固いドライフードをなかなか食べてくれないこともあります。そんなときは、ウエットタイプのフードにしたり、ドライフードをぬるま湯でふやかすなどの対応を。レトルトタイプのエサやトッピング（Ｐ１７０参照）もおすすめです。ただし、柔らかいフードになるとそれだけ歯石などがたまりやすくなり、歯周病などの歯の病気が悪化する危険性もあります。本当は歯磨きをさせてくれればうれしいのですが、ほとんどのネコはいやがってさせてくれません。ネコ用の歯磨きガムや歯磨き液などもあるので、歯の状態が気になるときは、獣医さんに相談してみて。

また、**老ネコは毛づくろいなどがおっくうになることも。爪の出し入れも上手にできなくなりがちで、爪をあちこちに引っかけてケガの原因に。ブラッシングや爪切りは、これまで以上に飼い主さんがこまめにやってあげましょう。**トイレの後にお尻の周りをなめなくなってきたら、飼い主さんがぬるま湯で湿らせたトイレットペーパーなどで拭いてあげましょう。カラダのお手入れは、ストレスにならないよう、ゆっくりやさしくお願いします。

ちゃんと元気になってもらえる病気のお世話

愛ネコの様子がおかしい！　そういうときは急いで病院に連れて行きたいわけですが、敵もさるもの。キャリーケースを取りだしたとたんに雲隠れ、なんていうネコも多いのではないでしょうか？　病院に連れて行くだけでひと苦労という事態にならないよう、**ふだんからたまにキャリーに入れて「でも、どこへも行かないよごっこ」をしたり、キャリーケースをいつもネコのいるスペースにさりげなく出しておく作戦も有効です。**

病院では、借りてきたネコ状態で、微動だにしないネコもいますが、隙を見て脱走をうかがうネコも。診察中は逃げたりしないように、しっかり愛ネコを見守ってください。

投薬治療をすることになった場合、薬を飲ませるのがまたひと苦労です。粉末の薬は、缶詰のエサに混ぜるのが基本ですが、微妙な味の変化を察して食べなくなってしまうことも多いはず。そんなときはカプセルに詰めたり、おやつに仕込むなど、飲ませ方を獣医さんと相談してください。錠剤だからといって油断できません。さんざん苦労してようやく

投薬のしかた
錠剤
・上を向かせ、口を大きく開けて
のどの奥に落とす。
口を閉じ、ごっくんしたのを
確認する。水を少し
飲ませると食道炎予防に
粉薬
・ごはんに
混ぜる
いつもとちがうにおい！
・ペースト状にして
あごの内側に塗る
液状
口の端からスポイトで
流し入れる

飲ませたと思ったら、床に落ちてたとか、あとでペッと吐き出すことも。うまく飲ませられないときは、獣医さんに投薬方法を教えてもらうだけでなく、実際に指導してもらいながら病院でやらせてもらうのがおすすめです。

引っかかれたり、ときにはかまれたりすることもありますが、愛情をもって根気よくトライしましょう。飼い主さんの不安はネコに伝染します。薬を飲ませるときも、できるだけネコに気づかれないようにさりげなく用意して、ぱぱっと済ませることができれば、しめたもの。薬を飲み終えたネコが「あれ？なにかの罰ではなくて遊び？」という気持ちになるくらいだと大成功。上手に薬を飲めたら、やさしくなでて安心させてあげましょう。

介護が必要なとき、本当に喜ばれること

老ネコもいつかは最期の日を迎えます。

いまの日本における飼いネコの平均寿命は15・4歳ですが、これはあくまで平均。室内飼いで丈夫なネコであれば、20歳を超える長寿ネコも増えてきました。

ただ、いくら長生きのネコでも、最期の半年から1か月ぐらいの期間は、カラダも弱り、人間でいうボケのような症状が見られることも珍しくありません。

そのような状態になると、同じところを何回も行ったりきたり、部屋をぐるぐると回るといった徘徊行動が見られることがあります。また、さっきあげたばかりなのに、もう食事をねだったりすることもあるのは、人間の場合と同じ。こういうときは、フードを小分けにして何度も与えるなど工夫して、なるべくネコの気の済むようにしてあげましょう。

徘徊行動を起こすような反面、幸いネコは人間や、あるいはイヌなどとくらべて死期が近づいても寝たきりになることは稀です。死ぬ直前までふだん通りに過ごし、トイレも自

力で行って、いつのまにか眠るように亡くなったというケースも多いのです。

それでも、老化でオシッコが出にくくなった場合などは、圧迫排尿といって、人間がお腹に手をあて尿を絞り出すような介護や、あるいは糖尿病やその他の病気の介護で、日々の注射や点滴が必要なケースもあります。これらの医療行為は獣医さんと慎重に相談しながら、ネコにとってベストとなる方法で行なってください。

また、カラダの調子が悪いからといって、過剰にかまわれることは老ネコにとって大きなストレスとなります。かまわれることでストレスを覚え、血糖値が上がってしまうケースもあるので注意してください。

ネコ、とくに老ネコは、ひとり気ままに日々を過ごすことが心の栄養です。もともとネコは、孤独を愛するハンターなのです。たとえば排尿の障害がある場合は、ネコ用のオムツやオムツカバーをつけるなどして、なるべくそっと心穏やかに過ごさせてあげましょう。

老ネコのための環境作り（P174参照）で紹介したように、ひとりになれる段ボールの暖かい部屋を用意し、新鮮な水とフードをいつでも絶やさずに。トイレも段差をなくして清潔にしておけば、ネコにとってなによりの環境であり、介護です。ネコがリラックスしているときに、やさしく声をかけ、そっとなでてあげましょう。

シニア以降に多い病気の傾向と対策

人間と同じで、かわいいネコも歳とともに病気になりやすくなります。不調にいち早く気づいてケアしてあげるためにも、シニア以降に多い病気について知っておきましょう。

▶変形性関節症

軟骨がすり減って関節に痛みを感じ、動きが鈍くなります。11歳以上の9割が罹患しているというデータもあるほど、シニアネコに多い病気です。体重が重いと関節に負担がかかるので、適正体重を保つよう心がけたいもの。適切な食事で肥満を防ぎましょう。適度な運動で筋力をつけることも大切です。痛みが強い場合は消炎鎮痛剤などを処方してもらいましょう。

▶悪性腫瘍（がん）

ネコに発生する主ながんの部位と種類は、次の通りです。▶「皮膚にできるがん」乳がん、肥満細胞腫、扁平上皮がん　▶「臓器や口の中」繊維肉腫、肥満細胞腫、悪性黒色腫　▶「骨」骨髄性腫瘍、骨肉腫　▶「その他」リンパ腫、血管肉腫、白血病、脳腫瘍。治療法は外科手術や放射線療法のほか、免疫療法や鍼灸、漢方などがあります。

▶認知症（痴呆）

ネコの認知症の症状には、徘徊や排泄の失敗、何度も食餌をねだるなどがあります。ただほかの病気の可能性もあるので、「年だから仕方ない」とあきらめず、獣医さんに相談してください。認知症に直接効く薬はありませんが、EPAやDHAなど抗酸化物質が進行を遅らせるとも言われます。身繕いをしなくなるので、グルーミングや爪切りもしてあげましょう。

▶膵炎《すいえん》（急性膵炎・慢性膵炎）

急性膵炎は、感染や腹部の強打などにより膵臓が傷つくことが原因。痛みで元気がなくなり、嘔吐、下痢、脱水などの症状が認められます。慢性膵炎は、慢性の胃腸炎や胆管肝炎の影響で起こります。食欲にムラがあり、徐々に体重が減っていきます。免疫力の下がったネコ、メスよりオスに多いといわれています。予防には脂肪分を抑えた食事が有効。

▶尿路疾患（膀胱炎・尿石症など）

血尿、残尿感で何度もトイレに行く、トイレ以外で排尿してしまうなどの症状が見られる場合、膀胱炎や尿石症などを起こしていることがあります。尿検査で状態を調べ、抗生剤や消炎剤投与などの治療をします。水をあまり飲まないと尿路疾患を起こしやすいので、いつでも新鮮な水が飲めるようにしてあげましょう。食事の見直しや療法食も効果的です。

▶糖尿病

糖尿病は、膵臓が弱って血糖値が上昇してしまう病気です。多飲、多尿、脱水が特徴で、食べているのに痩せてきます。腎不全なども併発すると重症化します。ネコはストレスでかんたんに血糖値が上昇しますから鑑別が必要です。インスリン注射、食餌療法などで治療します。予防には、太らせない、エサを置きっぱなしのだらだら食いをさせないことが大切。

▶甲状腺機能亢進症

新陳代謝を促進する、甲状腺ホルモンが過剰に分泌されることで、心拍が速まる、あえいで呼吸する、たくさん食べるのにやせてくるなどの症状がみられます。よく食べて活動的なので元気そうに思えることがありますが、病気が進行すると元気や食欲がなくなることがあります。血液検査などで診断し、投薬や外科手術で治療します。

▶腎不全（多飲多尿、食欲低下）

老化で腎臓の働きが悪くなり、老廃物が体内に蓄積します。初期症状は尿の量が増え、水をよく飲むようになります。進行すると高血圧や貧血症状がみられ、体重が減り、食欲が無くなります。歯周病など他の疾患で食餌や水が十分摂れずにいて発症することもありますから、シニアネコは半年に1度は健診を。輸液、透析、食餌療法などで治療します。

▶歯と口の病気（歯周病・口内炎など）

歯周病は、歯石がつき歯肉が炎症して起こります。口臭が強くなり、歯が抜けることも。予防は、①歯石のつきにくいドライフードを食べさせる、②歯磨きをするなど。口内炎は、細菌感染や栄養障害、腫瘍などが原因。痛みや腫れ、よだれ、悪臭などの症状が現れます。歯周病が原因のことも多いので、治療や歯磨きで予防を。

室内飼いのネコに多いトラブル

▶毛球症

グルーミングのとき大量に抜けた毛を食べてしまい、胃の中でたんぱく質と固まり、毛玉ができます。吐けなかった毛玉は便に出ますが、腸に詰まることもあるのでとくに長毛種はブラッシングが重要です。

▶アクネ（痤瘡）

ネコの下あごに黒い粒状の皮脂（アクネ）が付着していることがあります。これ自体は問題ないのですが、皮膚が赤くなっているとき、引っ掻いているときは、感染を起こしていることも。ぬるま湯でやさしく洗って清潔に。

▶スタッドテイル

尾の付け根の背中側に、脂線などが多く分布する尾腺野があります。少し脂っぽい部分ですが、感染などの影響で大量の皮脂が作られると、毛がベトベトになることがあります。この場合、普通のシャンプーでは脂がとれないので、専用シャンプーで洗います。

▶落下事故

うっかり足をすべらせて、ベランダの手すりや屋根から落ちてケガをすることがあります。ネコは比較的高いところは得意ですが、高すぎれば大ケガをします。ベランダにネットやフェンスを張るなどして、落下事故を未然に防ぎましょう（詳しくはP106参照）。

▶肛門腺破裂

ネコの肛門には肛門嚢という分泌腺液を蓄えた袋があります。便をしたときや力んだとき、驚いたときに分泌腺液が放出されますが、排出管が詰まると肛門嚢の膜が破裂し、化膿します。消毒洗浄や抗生物質で治療します。定期的に肛門腺をしぼると予防につながります。

純血種に多い病気は？

▶骨軟骨性形成不全症

遺伝により骨が十分に成長しないことをいいます。スコティッシュフォールドやマンチカンは変形性関節症、ペルシャは流涙症や角膜炎、短頭種気道症候群になりやすくなることがわかっています。

▶多発性のう胞腎症

遺伝的な病気で、尿細管に尿が貯留し嚢胞が形成され、最終的には腎不全となります。ペルシャ、エキゾチックショートヘア、スコティッシュフォールド、アメリカンショートヘア、ヒマラヤンに好発します。

▶眼結膜炎・角膜炎

目のまわりをひっかいて結膜や角膜に傷がつくことで起こります。目は赤く腫れ、まぶたが開かなくなり、目やにや涙で顔が汚れます。角膜に深い傷がつくと失明することも。ペルシャ、エキゾチックショートヘア、ヒマラヤン、シャム、バーミーズなど鼻が低く眼が大きいタイプに好発します。

▶外耳炎

細菌やアレルギーなどが原因で、炎症が起こり黒褐色の耳垢がたまります。耳が折れていて通気性の悪いスコティッシュフォールドやアメリカンカールに多く、耳カイセンの寄生が原因である場合も。痒みで掻きすぎると耳介に血液が貯まり耳血腫になることもあります。

▶肥大型心筋症

心臓の筋肉が肥厚し、正常に働かなくなる病気です。疲れやすくなり、血栓ができると、強く痛みます。定期健診などで肥大型心筋症と診断されたら、無症状でも早々に心臓のケアと血栓予防を。メインクーン、ペルシャ、アメリカンショートヘア、ラグドール、スコティッシュフォールドなどに好発します。

「ありがとう」の気持ちが伝わるお見送り

すべてのネコはいつか死んでしまいます。どんなにかわいがって大切にお世話をしても、ネコの寿命は人間に比べるととっても短いもの。また、天寿をまっとうできずに病気やケガで若くして亡くなってしまうネコもいるのが悲しいところです。

一緒に住んでいたネコが死んでしまうと、私たち人間の心にはぽっかりと大きな穴が空いてしまいます。なにしろ、ネコと飼い主は、家族であり、親友であり、ときには恋人のような、不思議でかけがえのない関係を結んでいたのですから。

大切なネコが亡くなったとき、どうか自分を責めないでください。ネコも、あなたが自分をどれだけ大切にしてかわいがってくれたかをちゃんと知っています。

ネコを亡くした飼い主さんが精神的に深く傷つき、健全な生活を送れないほどのダメージを受けてしまう症状は「ペットロス症候群」と呼ばれます。とくに自分の責任でネコが亡くなってしまったと思いがちな人は深刻な症状となることが多いようです。

あなたがそんな心の傷を感じたら、ネットのネコブログなどを見てみましょう。世の中には多くのネコ好きが、ネコを亡くしてその悲しみをブログに綴っています。闘病記もたくさんあります。日本の、そして世界のネコ好きはいつかかならずネコを亡くす悲しい日を迎えます。そんな世界の仲間たちと心を通わせるため、そうしたブログにコメントしたり、いっそ自分でネコを亡くした悲しみを書いてネットに公開してもよいでしょう。

それでもあまりに悲しみがおさまらないような深刻なときは、神経科のお医者さんやカウンセラーに相談してみることをおすすめします。

そして、ネコを亡くした場合、悲しみに打ちひしがれているだけでもいられません。大切なパートナーの最後の見送りもしてあげましょう。いまの時代、とくに都市部ではネコを亡くしたときはペット専門の葬儀社に依頼し、火葬してペット霊園で埋葬をしてもらうことがほとんどでしょう。お葬式の段取りもしてくれる業者もあります。

戸建て住宅で広い敷地があれば自宅の庭などに埋葬することも可能ですが、その際は野生の動物やカラスなどに掘り返されないようにしっかりと埋葬してください。自宅の敷地以外の公共の場所への埋葬（土葬）は条例などで禁止されていることがほとんどです。

葬儀社に頼んだときの費用はコースによってさまざまですが、金額の大小にこだわらず、納得できる範囲でよいでしょう。亡くなった愛ネコは、そんなにお金をかけずに、そのぶんおいしいモノでも食べて元気を出してよと思っているかもしれません。

また、金銭的な事情などでペット霊園に頼めないときは、お住まいの自治体の清掃局に相談してください。多くの自治体の清掃局はペットの遺骸の引き取りも行なっています。ペット霊園のような手厚い対応は期待できないかもしれませんが、ゴミ扱いされることもほぼないようです。ただし、たいていの場合、火葬後の遺骨の引き取りなどはできません。

ネコを残したまま飼い主のほうが先に亡くなるケースも最近は増えています。とくに一人暮らしの場合は、自分が先立った後のネコの行く末を念のため考えておいてください。

よくあるケースは、肉親、親戚、友達などにあらかじめ話しておいて万が一の場合は引き取ってもらう、あるいは行き先のないネコ（やペット一般）を引き取るNPO団体などと契約しておくなどがあります。いずれにせよ、公正証書などで自分が死んだときのネコの行き先と、そのための費用の額と渡し方などを明記しておくと安心です。遺言を残す場合の方法は次ページで紹介しているので参考にしてください。

近所の人にも自分が亡くなったとき、ネコに関してどこに連絡してもらうかをあらかじめ話しておくことができると、さらに安心でしょう。

ネコの幸せを約束する、正しい遺言の遺し方

不幸にして、ネコよりも先に飼い主がこの世を去ってしまうという事態も往々にしてあります。残されたネコをかわいがってくれる家族がいる人ならともかく、自分がいなくなった後のことが心配な人も決して少なくはないでしょう。

そんな人には、遺言という手があります。これは、ネコを誰かに譲るということだけでなく、ネコの世話をしてもらうことを条件になにがしかの遺産（お金、物品など）を遺贈するという方法。「残されたネコを引き取って、世話をしてくれることを条件に飼育費もしくはそれに代わる品物などを遺贈する」という一文の入った、法的に正式な遺言書を生前に作成しておけば、気も楽になるでしょう。

実際に遺言状を作成するにあたっては、いくつかの注意点があります。せっかく遺言を書いても、それが法的に効力を持たないものだとしたら、あまり意味がありませんね。遺言には、自筆遺言、公正証書遺言、秘密証書遺言の３つの方法があり、自筆遺言以外は、公証役場できちんと遺言として証明しておいてもらう必要があります。

費用は遺言の種類や遺贈する財産の金額などによっても変化するので、公証役場に問い合わせをしてみてください。

そして、遺言の内容についての注意を簡単に紹介します。①ネコと財産を遺贈する人の名前だけでなく、相手の住所も記入する②遺贈するネコを特定するために、ネコの名前や愛称、体重などの特徴を書いたり、ネコの写真を添付する③遺贈する財産については、預金口座からいくら、という方法が簡単。生命保険の保険金などから遺贈しようとすると、生前の手続きが複雑になるので注意が必要。預金口座の銀行名や口座番号も忘れずに記載する④遺言を書いたときの日付、住所、署名、捺印を忘れないこと⑤遺言どおりに遺産をちゃんと分配する人、遺言執行者を遺言の中で指定しておくと、なお安心。

ネコのために遺言を作るという運動は、「猫第一事務所」という団体が提言しており、ここでは、弁護士と協力して、効力のある遺言状を作成する講演会などを開いています。

万が一あなたを失っても、あなたのネコに健やかな生をまっとうしてもらうためには、遺言状の作成は有効な方法のひとつ。

まずは、ネコの世話を引き受けてくれる人を探すことから始めましょう。

人生の活動源として

いま要求される新しい気運は、最も現実的な生々しい時代に吐息する大衆の活力と活動源である。

文明はすべてを合理化し、自主的精神はますます衰退に瀕し、自由は奪われようとしている今日、プレイブックスに課せられた役割と必要は広く新鮮な願いとなろう。

いわゆる知識人にもとめる書物は数多く窺うまでもない。

本刊行は、在来の観念類型を打破し、謂わば現代生活の機能に即する潤滑油として、逞しい生命を吹込もうとするものである。

われわれの現状は、埃りと騒音に紛れ、雑踏に苛まれ、あくせく追われる仕事に、日々の不安は健全な精神生活を妨げる圧迫感となり、まさに現実はストレス症状を呈している。

プレイブックスは、それらすべてのうっ積を吹きとばし、自由闊達な活動力を培養し、勇気と自信を生みだす最も楽しいシリーズたらんことを、われわれは鋭意貫かんとするものである。

―創始者のことば―　小澤和一

監修者紹介

青沼陽子（あおぬま ようこ）

獣医師。東小金井ペット・クリニック院長。酪農学園大学獣医学部卒。ITCVM認定獣医中医師・獣医推拿整体師。ジアスセラピストスクール講師。AEAJ認定アロマテラピーインストラクター。病院では西洋医学だけでなく、鍼灸や漢方、アロマ、ハーブなどの代替療法も行っている。おもな監修書に「猫の飼い方・しつけ方」（成美堂出版）など。

著者紹介

猫の気持ち研究会（ねこのきもちけんきゅうかい）

「寝ても起きても頭の中は猫のことでいっぱい」という猫好きのスペシャリスト集団。猫との共同生活歴数十年超えのメンバーたちを中心に、家族の一員である猫たちに幸せな毎日を送ってもらうために、気持ちを徹底的に分析した。

ネコと一緒《いっしょ》に幸《しあわ》せになる本《ほん》　青春新書 PLAYBOOKS

2016年3月1日　第1刷

監修者　青沼《あおぬま》　陽子《ようこ》

著　者　猫《ねこ》の気《き》持《も》ち研《けん》究《きゅう》会《かい》

発行者　小澤源太郎

責任編集　株式会社プライム涌光

電話　編集部　03(3203)2850

発行所　東京都新宿区若松町12番1号 〒162-0056　株式会社青春出版社

電話　営業部　03(3207)1916　振替番号　00190-7-98602

印刷・図書印刷　製本・フォーネット社

ISBN978-4-413-21058-4